U0838522

编委会

主　编　郑清梅

副主编　何桂玲　黄勋和　钟　鸣

委　员　（按姓氏音序排列）

何桂玲　黄勋和　王　楠

郑清梅　钟福生　钟　鸣

·生物资源与利用丛书·

DONGWUXUE
YEWAI SHIXI ZHIDAO

动物学
野外实习指导

◎郑清梅　主编

暨南大學出版社
JINAN UNIVERSITY PRESS

中国·广州

图书在版编目（CIP）数据

动物学野外实习指导/郑清梅主编．—广州：暨南大学出版社，2017.9
（生物资源与利用丛书）
ISBN 978－7－5668－2163－8

Ⅰ.①动…　Ⅱ.①郑…　Ⅲ.①动物学—实习—教学参考资料　Ⅳ.①Q95－45

中国版本图书馆 CIP 数据核字（2017）第 191154 号

动物学野外实习指导
DONGWUXUE YEWAI SHIXI ZHIDAO
主　编：郑清梅

出 版 人：徐义雄
策划编辑：李　艺
责任编辑：周海燕
责任校对：邓丽藤
责任印制：汤慧君　周一丹

出版发行：暨南大学出版社（510630）
电　　话：总编室（8620）85221601
　　　　　营销部（8620）85225284　85228291　85228292（邮购）
传　　真：（8620）85221583（办公室）　85223774（营销部）
网　　址：http：//www. jnupress. com
排　　版：广州市天河星辰文化发展部照排中心
印　　刷：佛山市浩文彩色印刷有限公司
开　　本：787mm×960mm　1/16
印　　张：12. 125
彩　　插：8
字　　数：240 千
版　　次：2017 年 9 月第 1 版
印　　次：2017 年 9 月第 1 次
定　　价：39. 80 元

（暨大版图书如有印装质量问题，请与出版社总编室联系调换）

前　言

自然界动物千姿百态、种类繁多，目前已知的动物种类约有 170 万种。自然界不同的生境，形成千差万别的动物种类，且与人类生活联系紧密。动物学是生命科学及相关专业的专业基础课，而动物学实习是动物学教学环节中不可或缺的重要组成部分。动物学教学若离开了生动真实的动物，就会变得抽象且空洞。通过动物学野外实习，学生亲临其境，对生动活泼的动物进行专业性观察，对动物的形态结构及其生态有感性认识，从而对动物学理论知识有全面、深刻的认识与理解；同时开阔学生的视野，提高其实践动手能力，为今后的学习与科研奠定基础。可见，动物学野外实习教学既是动物学理论教学的延伸、补充与升华，又是自成系统、独立的实践性课程。

高等院校生物科学及相关专业的动物学教学，通常开设动物学野外实习作为相应的实践性课程。然而，目前比较系统、全面及实用的动物学实习指导书比较欠缺，尤其是适合我国南方高校的。为了满足南方尤其是粤闽地区高等院校动物学野外实习的需要，我们编写了图文并茂的《动物学野外实习指导》，希望对动物学野外实习课程教学起到良好作用。

本书是编者在多年从事动物学教学及动物学野外实习指导工作所积累的经验及资料的基础上，参考了大量相关资料编写而成，旨在为华南地区各类生境中动物野外实习提供基础资料。教材共分五编，第一、四、五编，第二编第一、二章，第三编第三、六章由郑清梅编写；第二编第三章由钟鸣、郑清梅编写；第三编第一、二章由何桂玲、郑清梅编写；第二、三编中鸟类部分由黄勋和、郑清梅编写，第三编第四章由钟福生、郑清梅编写。全书由郑清梅统稿，王楠校对。此外，大部分鸟类图片由厦门大学林清贤提供，同时在写作过程中参考了大量文献资料和图册索引，引用了部分专著和网络资源及图片，在此特表衷心谢意。其中，部分图片来源于网络，无法一一联系原作者，非常抱歉。如使用了您的作品，请及时联系编者，编者将按相关法律法规支付一定报酬。

由于编者水平有限，错误和不当之处在所难免，恳请广大读者与同行不吝指教。

编　者

2017 年 6 月

目　录

第一编　概　论

第二编　海滨实习

第三编　陆地实习

第四编　动物园及标本馆实习

第五编　实习总结

报喜斑粉蝶

碧凤蝶

波蛱蝶

菜粉蝶

赤褐灰蜻

黑胸胡蜂

中华刀螳

荔枝椿象及其若虫

暗黑金龟子

星天牛

黑蚱蝉

中华稻蝗

珊瑚与小丑鱼（Ⅰ）

珊瑚与小丑鱼（Ⅱ）

珊瑚与小丑鱼（Ⅲ）

珊瑚

海兔（Ⅰ）

海兔（Ⅱ）

海兔（Ⅲ）

海鞘与海兔

海羊齿

海参

海星

珊瑚礁中的鱼（Ⅰ）

珊瑚礁中的鱼（Ⅱ）

海鳗

蓑鲉（也称狮子鱼）（Ⅰ）

蓑鲉（Ⅱ）

海龟

珊瑚礁中的鱼群

白鹭

大白鹭

池鹭

苍鹭

夜鹭

红嘴蓝鹊

黑翅长脚鹬

金眶鸻

环颈鸻

小䴙䴘

斑嘴鸭

绿头鸭

珠颈斑鸠

山斑鸠

白胸苦恶鸟

环颈雉

灰胸竹鸡

戴胜

红隼

红尾水鸲

北红尾鸲（雄）

北红尾鸲（雌）

白胸翡翠

普通翠鸟

栗喉蜂虎

灰喉山椒鸟

滨蛙

树袋熊（考拉）

袋鼠（白化）（Ⅰ）

袋鼠（Ⅱ）

第一编 概 论

动物学（Zoology）是研究动物的形态结构、种类组成、生活习性、繁殖、发育与遗传、分类、分布、迁徙和发展历史及其与环境之间相互关系的生物学分支学科，是一门理论与实践密切结合的学科。动物学教学包括理论与实践教学两部分。其中，实践教学又可细分为动物学实验与动物学野外实习两部分。动物学野外实习是指学生在获取一定的动物学理论及相关知识的基础上，从课堂和实验室走进丰富多彩的自然环境中，以专业的角度去观察及分析千姿百态的动物世界，并亲自采集及制作动物标本，记录动物的特征及生长环境，开展动物种类、资源及其生态等方面工作，从而了解动物形态、种类、生态及动物在生态系统中的重要作用。此外，近年来，自然环境的破坏与恶化，导致包括动物多样性在内的生物多样性受到严重的威胁。学生通过动物学野外实习，在大自然中认知动物并了解动物赖以生存的环境，不但有利于掌握丰富的动物学知识与技能，而且有利于成长为动物多样性保护的倡导者与引领者。

第一章　动物学野外实习的意义与任务

一、动物学野外实习的意义

（一）对形形色色动物的感性认识

自然界动物千姿百态、种类繁多。目前已知的动物约有 170 万种。自然界不同的生境，形成千差万别的动物种类，且与人类生活联系紧密。动物学教学若离开了生动真实的动物，就会变得抽象且空洞。古人说："纸上得来终觉浅，绝知此事要躬行。"通过动物学野外实习，学生亲临其境，对生动活泼的动物进行专业性观察，对动物的形态结构及生态有感性认识，从而对动物学理论知识有全面、深刻的认识与理解。

"动物学野外实习"课程的开设为"动物学"课程的理论学习创设了良好的实践平台。在野外实习过程中，学生在自然环境中观察动物或在标本馆里观察其标本，了解其形态结构、生活方式、分布及生态等；同时，采集并制作标本，开展生态调查等，从而对种类繁多的动物有了感性认识。

（二）拓展学生思维，掌握学科研究方法

人类对动物界的了解与研究还有很大的空间。动物与自然界错综复杂的关系引人入胜，启人深思。"实践出真知"，在动物学野外实习过程中，学生的好奇心将被激发，学生结合教师的积极引导，能直观地了解动物的形态、种类及进化特征，初步掌握动物科学研究的方法，并培养自己的科研兴趣。具体体现在：动物学野外实习课题的提出、实习方案的制订及开展，科研数据的收集和处理，实际问题的分析讨论以及实习论文或报告的撰写等方面。可见，"方法总是在学习实践中掌握"，学生走出"象牙塔"，与动物界亲密接触，不但能增加对动物的感性认识、拓展思维，掌握学科研究方法，还能较好地培养学生的创新意识、观察能力和野外实际工作能力。

有些生物科学专业的学生毕业后，将从事中学生物教学工作。他们能把在野外实习中获得的知识或研究方法运用到中学生物教学中，一方面使课堂

教学变得更加生动活泼；另一方面便于开展中学生物第二课堂，如“蝴蝶的分类及其标本的制作”“观赏鱼种类与鉴赏”及“濒危动物与其多样性保护”等。还有一些学生毕业后可能从事其他领域的工作，而在野外实习过程中学到的调查研究方法及团队精神在其工作中也会产生积极的作用，使其从中受到有益的启示。

（三）增强环境保护意识与团队合作精神

学生在野外实习中深入大自然，能充分接触到优美的自然环境、迥然不同的物种及丰富的野生动物资源；同时，了解我国野生动物保护现状及其所面临的严峻挑战，培养热爱大自然的情感，增强保护自然资源的责任感和使命感。这对我国生物多样性、动物资源的保护与利用意义深远。此外，在动物学野外实习的过程中，学生常会面临野外环境地形复杂、气候多变、野外作业工作量大等困难，还要时常忍饥挨饿，顶酷暑冒风雨，跋山涉水，且常常需要发挥团队互助精神，团结一致，克服困难。这种艰苦的环境不但磨炼学生的意志，锻炼学生吃苦耐劳的精神，还培养了学生的团队合作精神。

二、动物学野外实习的任务

动物学野外实习使学生从课堂走进自然，在千姿百态的自然界中去了解各种动物的生活习性，这是比课堂学习更为复杂、生动的学习方式。它既是理论知识的验证和巩固，又是理论知识的延伸与创新。“动物学野外实习”是生物科学人才培养方案中的专业必修课（1 学分），是一门独立的课程，是培养学生理论联系实际和独立分析问题、解决问题能力的一个重要实践教学环节。

动物学野外实习的主要任务有：①认识常见动物；②了解野外实习工作的基本步骤，观察动物的生活习性及其与环境的关系，初步掌握野外研究工作的方法；③掌握各类动物标本的采集、测量、制作和保存的方法，学会使用检索表鉴定动物种类的方法，掌握分类方法与知识；④了解动物资源与人类生存和发展的关系，增强环境保护的意识；⑤锻炼独立工作的能力，培养团结合作精神。

（一）识别动物时避免死记硬背，提高学生的观察能力

常言道“百闻不如一见”，“实践出真知”。学生通过野外实习，亲临其境，认识和鉴别哺乳类、鸟类、爬行类、鱼类、昆虫等各种动物，更加深入

地了解动物的形态结构、进化特征及其生活习性，全面检验动物学理论知识，从而激发学生探索和研究动物学的兴趣，为其今后专业学习、科研及毕业后的就业打下坚实的基础。

在物种识别与种类鉴定过程中，注意引导学生避免死记硬背，学会归纳总结，从专业角度观察动物的形态结构，归纳出不同动物的特征及其分类地位，掌握动物的进化特征，从而正确地归纳、分析动物特征。

例如，实习过程中，引导学生对野生动物园中多种有蹄类动物如河马、牛、羊、马、鹿、骆驼、马来貘等的趾（指）进行观察，了解其趾（指）形状（愈合状况）、数量，并归纳出有蹄类动物中偶蹄目与奇蹄目的分类特征。教师可根据不同类型动物的特征，分别引导学生从不同的角度观察、分析与归纳动物的形态特征，并要求学生掌握动物科以上的分类特征与分类方法，认识多种动物，以达到举一反三、融会贯通的效果。

（二）通过野外实习，掌握野外研究工作的方法

野外实习，有利于学生掌握动物学野外研究工作的具体方法。例如，在鸟类实习过程中，开展对某一种鸟类的研究。教师指导学生观察与测量该种鸟的体形大小，体态的差异（包括体重、体长、翼长、羽毛颜色及斑纹、喙的形态及与食性的关系）等分类特征；同时，指导学生了解鸟类的鸣叫声、栖息地类型、运动姿态、觅食及场所（食物的组成、来源等）、巢结构及巢址、繁殖及哺幼行为、形态结构与生态的适应等；并进一步指导学生查阅相关文献资料，了解相关鸟类的分布、迁徙、进化、多样性及季节变化等，实习结束时撰写实习论文或报告。可见，在此鸟类实习过程中，实质是学生参与了动物学科学研究具体工作，让学生真切地体验了动物学的野外科研过程。因此，当学生参与了一系列野外实习活动后，将自然而然地掌握野外研究工作方法。

（三）通过野外实习，增加对“动物与大自然和谐关系”的认识

生物圈是一个巨大又极其复杂的生态系统。它由无数个大小不等的各类生态系统所组成。这些生态系统基本可归为三类：陆地生态系统、淡水生态系统和海洋生态系统。生物圈是动物赖以生存的环境，而动物是生物圈的重要组成部分，在维护生态平衡中起着举足轻重的作用。

例如：在草原中，以狮子、猎豹和猎狗为代表的食肉动物专吃草食动物，如牛、羊等。它们对角马、鹿、羊等的猎杀是凶残的。但这种残酷的猎捕，既是食肉动物生存繁衍的前提条件，也是维护草原植物繁茂和生态平衡的必

要因素。如果没有食肉动物对食草动物数量的严格控制，食草动物种群数量就会迅速增大。当食草动物发展到一定数量，过度采食，草原就难以承受，导致草原退化。因此，食肉动物对食草动物的捕杀，不仅能控制食草动物种群的数量，还能保护草原的生态平衡。而飞禽走兽的粪便则成为上好肥料，促进植物的生长及植被的恢复，形成一个动态平衡的生态系统。

（四）培养严谨的科研态度及团队协作精神

动物学野外实习是一门实践性课程，为培养学生严谨的科研态度与实事求是的工作作风提供了良好的平台。在野外实习过程中，学生置身于实习环境中，在指导教师的指导下，学会独立观察、思考与分析问题，从而培养实事求是的严谨的科研作风，为今后其他课程的学习、继续深造或就业打下坚实的基础。由于野外实习通常在变化多端的野外作业，跋山涉水，且野外工作量大，困难较多，学生在实习过程中不得不克服困难，才能完成实习任务。因此，野外实习很好地锻炼了学生吃苦耐劳、独立工作的能力，磨炼了学生克服困难的意志。此外，野外实习通常以小组为单位进行，锻炼了学生的组织、沟通能力以及团队协作精神。

第二章　动物学野外实习的准备工作

常言道“磨刀不误砍柴工”，“兵马未动，粮草先行”。充分的动物学野外实习准备工作，是保证动物学野外实习顺利开展，收获丰硕实习成果的前提。

一、实习的业务准备

（一）对实习基地环境及动物组成的初步了解

动物的种类、分布及其生态环境与实习基地的自然地理状况（地形、水文、气候等）密切相关。因此，指导教师与学生在奔赴实习基地开展实习教学活动之前，须对实习基地的生态环境及动物分布等有初步了解。实习指导教师须预先对实习基地进行考察，尤其对新增实习基地，做到知己知彼，有的放矢。学生则可通过查阅相关资料初步了解实习基地的情况。

在集中实习前，指导教师提前告知学生实习基地的具体地点，让学生查阅相关资料，初步了解实习基地的地理位置、生态环境及动物资源状况，同时也为学生选择实习专题、制订实习方案提供参考。同时，指导教师给学生布置具体任务，让学生在了解实习基地概况及动物组成之后，拟定相关动物名录，为集中实习做好充分的知识储备。此外，实习指导教师尤其是新教师，也要充分备课（可以根据往年实习经验与实习素材，查阅相关文献，借助互联网，或者进一步实地考察，特别是新增实习基地）。在集中实习出发前，指导教师要清楚了解实习点的潮汐情况，确定实习路线，摸清实习基地不同环境动物的种类和生态，全面掌握实习基地的生态环境、动物种类、分布及特点，为实习指导做好业务准备。

例如，对于海滨动物的实习，指导教师引导学生通过自主查阅文献资料，掌握海洋基本知识（如潮汐、海洋环境的划分），了解实习基地的地理位置（沿岸、岛屿）、气候及地质状况（岩石、沙砾、泥滩、泥沙滩或沙滩）与海藻植物的分布；进一步了解不同生境中可能存在的动物，了解不同环境与动物分布及种群组成的密切关系。如在潮间带海滩或海岛的岩石表面，可能分布有石鳖、笠贝、牡蛎、贻贝及藤壶等，而在泥沙滩中可能分布有涡虫、沙蚕及多种贝类等。对于陆地动物实习，学生则需要了解实习基地的地理概况、海拔、气候、植被状况及动物的分布及种类。

（二）开展分散野外实习，为集中野外实习“练兵”

当前，动物学野外实习通常是在理论课、实验课结束后进行的一次集中外出实习（时间为1~2周）。然而，野外实习是一门内容丰富、系统的课程，而短期集中的野外实习，学生无法充分消化丰富的实习知识；同时，由于地域、季节与气候不同，动物的种群、生态环境及生理处于动态变化之中。因此，短期集中的野外实习，不能很好地全面了解多种动物，而分散实习是解决这个问题的有效办法。分散野外实习通常结合“动物学”的课堂教学进度，教师布置野外实习内容，指导学生亲自去观察、去采集，或饲养动物，并按教师的要求制订实习方案，做好实习记录，提交实习报告等。分散实习可以贯穿于限整个“动物学”教学过程，时间充裕且灵活，让学生得到充分的“练兵”，为集中野外实习打下良好的基础。

（三）开展动物学野外实习专题培训

由于动物学野外实习涉及许多专业知识（如分类知识、调查方法等）与实践技能（如采样技能、标本制作方法等），因此，在集中野外的动物学野外实习前，应开展一系列野外实习专题培训，让学生有备而来，能有条不紊地进行野外实习。

1. 观看野外实习专题录像，进行野外实习模拟训练

在集中野外实习出发前，教师以教室授课的方式让学生观看动物学野外实习专题录像，并在观看过程中讲解与指导，让学生对野外实习进行模拟训练。实习专题录像所介绍的实习内容应与学生将要开展的实习内容相近，能介绍实习基地的概况，动物的种类、形态及其生境，动物标本采集、鉴定、制作方法等，学生通过观看专题录像，相当于进行了动物学野外实习的模拟训练。此外，教师还可以让学生观看本校学生往年的动物学野外实习录像及图片素材库，由此让学生对野外实习内容及相关专业技能有感性认识与初步了解，为即将开展的野外实习储备相关知识，做到实习前胸有成竹，为实习的顺利开展打下基础。

2. 开展动物学野外实习专业技能培训

在野外实习过程中，学生将开展各种动物的观察，数据记录、统计与整理，标本收集、制作、鉴定等实习工作，而这些工作涉及许多专业技能。为

了学生能顺利完成实习任务，在集中实习前以专题讲座的形式，开展动物学野外实习专业技能培训。专业技能培训内容主要有如下四个方面：

（1）介绍动物观察与记录的原则与方法。

①在野外观察时，要以专业的眼光，克服困难，不放过任何机会，敏锐地观察周围的一切，尤其要克服个人主观臆断，认为一些习以为常的现象不必在意，不给予重视，不列入记录范围。但这些习以为常的现象也是实习数据的重要组成部分（如在鸟类调查过程中，有些同学只着重观察与记录体形较大、颜色鲜艳、日常不太常见的鸟类，而对于常见的如树麻雀、绣眼等体形较小、颜色不鲜艳的鸟类，不列入观察记录范围内）。在观察过程中，注意观察动物的形态特点，这些形态特点与该类动物的生理结构、生活环境适应的密切关系，并注意联系其复杂的生存环境，对观察结果做详尽记录（提前准备好规范的记录表）。②记录时间通常以天为单位，记录所观察动物物种名称、日期、地点、天气、气温、湿度等。③记录时，采用笔记本、橡皮及铅笔，必要时辅以绘图、摄影、录像等。④若采集了动物标本，一定要及时填写好标签并贴好。

（2）介绍实习数据的整理与统计方法。

①对数据进行分类：定性数据［动物分类指标测定数据如附肢数量、趾（指）的数量、飞羽的数量等，连续性数据如体重、体长等］和离散型数据（如个数、胎数、卵巢数等）；照片及录像等多媒体数据等。②原始数据的可靠性审核与科学分析。在进行数据处理时，要分析观察结果的“真象”与“假象”，去伪存真，剔除原始数据中由人为因素造成的错误数据。③建设实习素材库。将繁杂的观察调查数据、照片及录像资料等材料归纳整理，形成野外实习素材库，为今后的野外实习或课程建设提供依据。此外，在培训课堂中，教师提供一些野外实习数据处理的案例、示范数据统计及分析的具体方法（如一些常用的调查、统计公式），为学生实习数据统计分析及撰写实习论文或报告打下理论基础。

（3）开展野外实践技能的专题培训。

由于野外实习将开展一系列实际动手操作活动。因此，在实习前，让学生开展如下五方面的专业技能培训，为野外实习做好充分的业务准备。①标本的采集方法：如石鳖、笠贝、贻贝及昆虫等的采样方法与技巧。②标本的制作与保存方法：如昆虫针插标本、鱼类及爬行类浸制、骨骼标本、鸟类及兽类剥制标本等各类标本的制作方法。③动物调查方法。不同种类动物有不同的野外调查方法。如鸟类调查，向学生介绍鸟类调查具体方法（如观鸟的时间、地点选择与数据记录方法等）、望远镜使用等知识，并向学生展示实习基地常见鸟类的照片，播放鸟类鸣叫声，介绍其鉴别特征，为学生实习过程中野外鸟类调查打下基础。④实习工具及检索表的使用方法等。⑤进行安全防护培训，以防患于未然。进行动手操作技能的专题培训，为学生到野外开展实习打下坚实的基础。

（4）参观本校标本馆，熟悉动物分类方法。

在集中实习之前，组织学生利用课余时间参观本校的动物标本馆，对各类动物标本进行识别与分类。为了学生学习目标更明确、效率更高，教师可布置具体作业，即让学生根据《动物学》课本中介绍的分类方法，从低等到高等，亲自制作包含各类动物（约100种）的分类检索表并提交指导教师检查（作为实习成绩的一部分）。让学生参观本校标本馆，对各类动物的形态结构有感性认识，初步掌握动物种类鉴别与检索表制作的方法，可以给学生创造一个自主探究、自主操作的实践平台，激发他们自主探究的学习兴趣与热情；同时，也为学生野外集中实习过程中的动物的种类鉴别打下基础。这样，大大减轻了动物学集中实习过程中教师对动物分类方面的指导工作量，从而有效提高了教学效率。

二、实习的物资准备

“工欲善其事必先利其器。”集中之前，应准备好各种实习工具与设备，确保实习的顺利进行。如果实习物资准备不充分，“巧妇难为无米之炊”，则在实习基地无法顺利开展实习工作。

（一）实习工具仪器的准备

在集中实习出发前，必须做好实习仪器设备性能、数量的检查工作，包括购置或补充新仪器、调试校正仪器等，数量及质量均须确保满足实习过程分组的需要。主要工具仪器如下：

（1）标本采集及盛放工具。不同的实习基地，由于观察与采集动物的不同，标本采集及盛放工具也有所不同。例如，海滨实习时，应准备塑料小桶、小铁铲、镊子、凿子、锤子、采集袋、解剖刀、剪刀、铁钳等工具，主要用于贝类的采集与盛放。而陆地实习时，则要准备好昆虫采集网、广口瓶、毒瓶、手电筒、白布、纸袋、塑料袋等。为捕捉各类昆虫做好准备。

（2）记录工具。照相机、摄像机、小笔记本（方便携带）、铅笔、橡皮、各类标签、统计记录表格（根据实习内容，由指导教师统一制定）、工具箱等。

（3）标本处理工具及药品：甲醛、酒精、乙醚、注射器、量筒等。为麻醉、固定、保存等一系列的标本处理和标本制作做准备。

（4）观察与测量仪器设备。如 GPS 仪、望远镜、放大镜、温度计、湿度计、卷尺、皮尺、手机、扩音器等。

（5）图书资料：实习指导手册、有关动物检索表、动物分类学参考书、动物图谱、地图等。为动物种类鉴别做充分准备。

（二）实习生活用品的准备

由于野外实习是在野外作业，所准备的生活用品最好具备轻便、耐用、方便携带等特性。其中，个人物品包括个人生活用品、随身物品、证件等，如手机（包括充电器）、相机、背包、太阳帽、雨衣（或雨伞）、长袖衫、长裤、水壶、洗漱用具、防晒霜、身份证、学生证（或工作证）及个人常备药品等；由班集体统一备用一个药箱，备用常用药品如肠胃药、感冒药、创可贴等。

（三）安全信息准备

安全信息的准备，也是保证实习顺利完成的重要前提。①所有参与野外实习的人员包括教师与学生，在集中实习出发前，提前购买好相关保险。②指导教师掌握所有实习学生的通讯录，包括纸质版与电子版。③准备实习基地的详细地图，了解当地水文地理、植被、道路及危险标识等。④指导教师需要掌握实习学生的身体状况及过敏史、过往病史等。⑤了解当地潜在的安全隐患，如治安状况、是否有疫情暴发（如禽流感、霍乱等）、气候异常（如热带风暴、暴雨、气温突变）等状况。

三、实习的组织与管理

（一）动物学野外实习的方案制订

常言道“凡事预则立，不预则废”。动物学野外实习不但是对教师及学生知识的考验，更是对实习组织及管理能力的挑战。对动物学野外实习的有力组织与科学管理，是保证野外实习顺利开展的前提。因此，在实习前应做好如下两项工作：

1. 成立动物学野外实习领导小组

动物学野外实习是有组织、有纪律的集体外出教学活动。因此，需要成立分工明确的领导小组，领导实习教学活动有序进行。领导小组的组长通常由学院的分管领导担任，对实习工作总负责，统筹安排指导教师，并召开动员会。小组的成员主要由专业指导教师、班主任或辅导员组成，专业指导教师主要负责实习过程的专业指导，而班主任或辅导员主要负责后勤保障与安全工作。

2. 制订可行的动物学野外实习方案

由实习领导小组充分商讨后，制订详细具体的实习方案。实习方案包括实习动员会、实习目的、实习内容、实习所需物资、实习班级人数及通讯录、学生分组及名单、领导小组成员名单、实习日程安排、实习路线、饮食和住宿安排、经费预算及筹措、医药保健措施、实习纪律与安全保障等。实习指导教师需在实习前 1 个月左右与实习基地联系，落实实习师生的实习工作、食宿安排，以便制订确切的实习计划。

（二）野外实习动员会的召开

在集中野外实习出发前，召开实习动员大会，由实习领导小组的组长做动员报告，让学生明确实习目的与纪律。动物学野外实习的动员大会是激发学生实习积极性、明确实习纪律与加强实习安全管理的重要措施。

1. 明确实习目的意义

召开动员会，让学生明确实习目的与意义。野外实习是一项教学活动而不是游山玩水。实习是全面提高学生素质的教学实践，是一场更紧张的学习。通过实习，巩固和提高课堂及实验课所学知识，认识动物与环境之间的辩证关系；学会动物学野外实习的观察方法和动物学研究方法，了解动物生态环境，进一步培养独立工作能力，为今后的“动物学”教学和科研打下基础。

2. 宣布实习工作的日程安排与纪律

召开动员会，让学生明确实习的日程安排、具体实习任务与纪律。例如：实习任务为通过实习，能够认识和区分哺乳类、鸟类、爬行类、鱼类、两栖类、节肢类等超过 200 种的动物。实习结束后，学生撰写实习报告或专题报告。其中，实习报告内容包括：专业知识方面的收获，对认识的动物种类进行描述，总结本次实习后在动物分类方面的收获，如分别记录野外实习过程中见到的所有动物类群，并列出其所属的门、纲、目、科；思想方面的收获；个人在实习中的表现；对实习的意见和建议等。

第二编　海滨实习

第一章　海滨实习的基础知识

地球总面积5.10 × 10^8 km^2，海洋面积为3.61 × 10^8 km^2，海洋面积占地球总面积的70.8%，海陆面积之比约为2.4∶1。浩瀚的海洋环境孕育种类繁多、多姿多彩的海洋生物。在海滨实习出发之前，学生须掌握海滨实习的基础知识，这是确保海滨实习工作顺利进行的前提。

第一节　海洋环境概况

一、海洋环境的划分

根据海洋生物生存的环境及海洋结构（包括地形、海水深度等），海洋环境可大致分为沿岸地区和深海地区（图2－1）。

（一）沿岸地区

沿岸地区是指陆地到海深200 m的地区（也称大陆棚）。根据海水深度和物理、化学的特性，该区域可进一步分为滨海带和浅海带两个地带。①滨海带：是由高潮线到50 m深的地区。在此区域内动植物种类较多，是海水涨潮或退潮活动的地带。滨海带的海底常露出水面，是进行教学实习活动的主要地区。②浅海带：指由50 m到200 m深的地带。这一地带的植物相对于滨海带大大减少。

（二）深海地区

自200 m海水深处至更深的海域，称为深海地区。此区又可根据地形及海水浓度，进一步分为倾斜带和深海带两个地带。①倾斜带：指海深200 m至2 440 m的地区。该区域由于地形结构属于倾斜区，海水深度变化大。海水的透光性随海水深度的增加而减弱。又由于阳光逐渐不足，故植物稀少，但动物仍有一定的数量。②深海带：指深度2 440 m以下的海域。该区域的特点是水温低（0～5 ℃），环境稳定、海床柔软、缺乏阳光、无季节性变化，没有植物生长。动物以海水上层沉降下来的有机碎屑或动物尸体为食。

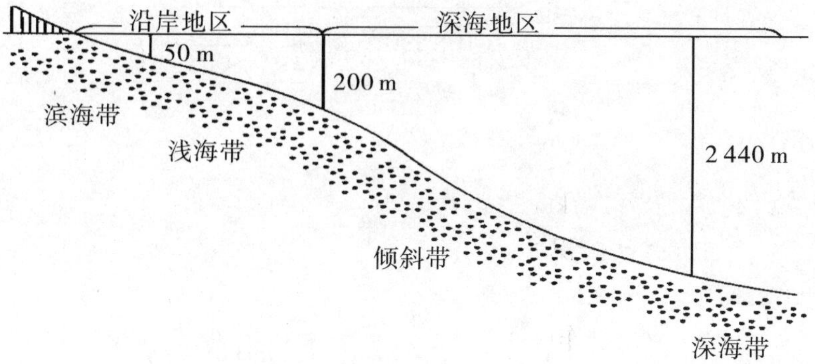

图 2－1　海洋环境划分示意图

二、潮汐

海水每天都发生着有规律的、周期性的涨落，这种现象称为潮汐。潮汐与海滨动物的活动、种类组成密切相关。潮汐引起的潮流扩大了海水和空气的接触面积，增加了空气中氧气的吸收与溶解，同时随潮流冲来的一些有机碎屑又为海滨动物提供了丰富的食物来源。因此，一般在低潮线以上区域海滨动物最为丰富。因此，掌握一定的潮汐知识，有利于选择合适的时机开展海滨动物的观察和标本采集。

潮汐产生的原因是月球、太阳对地球的吸引作用。因为月球离地球近，所以它比太阳对地球的吸引力大，因此月球是产生潮汐的主要力量。月球绕地球 1 周需要 1 490 min。因此，我国沿海大部分地区在 1 490 min 时间内发生两次涨落，少数地区只有一次。

潮水的涨落，在海滨区域形成两个不同的区带（图 2－2）：潮间带和潮深带。潮间带：指大潮涨潮线与大潮退潮线之间的区域。其中，潮间带又划分为：①上带（上区）：指大潮涨潮线与小潮涨潮线之间的区域。②下带（下区）：指小潮涨潮线与小潮退潮线之间的区域。③浸水带：指小潮退潮线与大潮退潮线之间的区域。

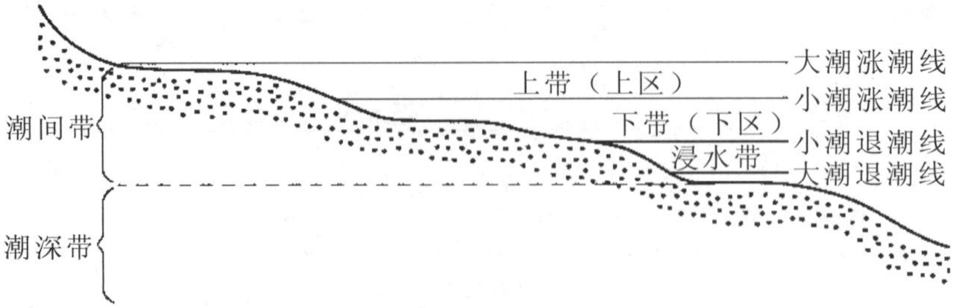

图 2－2　潮间带的分区

第二节　仪器、工具和药品

常言道“兵马未动，粮草先行”。在海滨实习出发前，必须准备好野外实习过程所需的仪器、工具和药品，为实习的顺利开展做充分的准备。

一、仪器

（1）实体显微镜：观察或解剖后观察动物及其幼虫或组织器官的形态结构及运动。

（2）显微镜：观察海水中单细胞生物及体形微小生物，动物的组织结构或幼虫。

（3）手持放大镜：可随身携带，以便在野外观察体形较微小动物的形态结构。

（4）电子天平：用于试剂配制时称量药品，或称量标本的重量。

（5）照相机、录像机：用于拍摄动物、标本及其生存环境等的照片或录像。

二、常用工具

（1）解剖器：解剖盘、剪刀、解剖剪、镊子、解剖刀及解剖针等。

（2）搪瓷盘：整理标本，培养或麻醉动物。

（3）注射器：5 ml、10 ml 注射器，标本制作时注射固定液或麻醉剂麻醉体形较大的动物。

（4）锤和凿：采集固着于礁石上的动物，如海葵、牡蛎、藤壶等。

（5）小铁铲：采集礁石上动物如石鳖、笠贝，或泥沙中动物如螃蟹、海老鼠等，或底栖动物。

（6）采集容器：塑料小桶、塑料袋等，容纳所采集的各种动物样品。

（7）胶手套：保护手，避免在野外采集标本时被动物刺伤或割伤。

三、常用药品

（一）麻醉药

将海滨动物制作成标本时，为了保持其生活状态，常麻醉后再固定。

（1）薄荷脑（$C_{10}H_{20}O$）：由薄荷的叶和茎中所提取的一种无色结晶化学药剂，能溶于醇、氯仿、冰醋酸等有机溶剂，微溶于水。医药上，薄荷脑可作为局部麻醉剂或防腐剂。麻醉时，将薄荷脑药丸磨成碎末或直接用其结晶撒于培养动物的海水表面。

（2）氯化锰（$MnCl_2 \cdot 4H_2O$）：又名氯化亚锰，玫瑰色单斜晶，能溶于水，微溶于醇，不溶于醚。麻醉动物时配制0.05%～0.2%水溶液或用少量结晶直接撒在水面上。可麻醉腔肠动物、环节动物及后鳃动物等。

（3）硫酸镁（$MgSO_4$）：白色结晶，能溶于水、甘油及醇，做成饱和溶液或将结晶直接放入培养动物的海水内，对多种动物有良好的麻醉效果。

（4）乙醇（C_2H_6O）：俗称酒精，无色，挥发性液体，能溶于水、甲醇及醚。麻醉动物时，可用70%的乙醇慢慢滴入培养动物的海水中，起良好的麻醉作用。

（5）氯仿（$CHCl_3$）：也称为三氯甲烷，无色，挥发性液体，能与醇、醚、苯等混合，微溶于水。应用时，将纸在氯仿中浸湿后，盖在培养动物的水面上，可麻醉水母类。

（6）乙醚（$C_4H_{10}O$）：透明、无色、挥发性液体，有特殊刺激气味，极易挥发，易燃。溶于低碳醇、苯、氯仿、石油醚和油类，微溶于水。配成1%乙醚水溶液，对各种海产动物都有麻醉作用。

（二）固定剂

（1）乙醇：为常用单纯固定液，有固定、硬化和脱水的作用。常用95%的工业酒精配制成70%～80%的水溶液作为固定液。若所采集的标本仍需进一步分析测定，如提取样品的脱氧核糖核酸（DNA）或核糖核酸（RNA）等，则需用70%～80%乙醇固定，才能保护其细胞中DNA或RNA分子的完整性。但易致标本褪色。

(2) 甲醛 (CH_2O): 无色气体，有特殊的刺激气味，对人眼、鼻等有刺激作用，易溶于水和乙醇。其水溶液的浓度约为40%时，称为甲醛水，俗称福尔马林，是有刺激气味的无色液体。福尔马林具有穿透力较强，固定均匀，且不易使标本褪色的特点。固定液的浓度为7%～10%福尔马林水溶液。但甲醛会腐蚀碳酸钙为主要成分的贝壳。

(3) 醋酸 (CH_3COOH): 也称乙酸，能溶解于水、醇及醚，穿透力强，对标本细胞有膨胀作用。因此，常与引起细胞收缩的其他固定剂组合使用，能阻碍标本的细胞收缩，让标本固定后尽可能保持原状。其作为固定液的浓度一般为0.3%～0.5%。

(4) 苦味酸 [$C_6H_2OH(NO_2)_3$]: 即三硝基苯酚，为淡黄色结晶，有毒，能溶于水、醇、苯、氯仿等。在空气中可自燃，受碰撞易爆。通常将其配成饱和液保存，确保安全。苦味酸的穿透力比乙醇、醋酸差，且单独使用易导致标本组织严重收缩。固定时，苦味酸与其他药物组合配制，可避免标本组织硬化。其适宜的固定浓度为饱和水溶液。苦味酸在水中的溶解度为0.9%～1.2%。

(5) 氯化汞 ($HgCl_2$): 俗称升汞，为白色剧毒的粉末或结晶。能溶于水、醇及醚。通常固定用饱和或近似饱和水溶液。单独使用时，对标本组织的收缩力较大，因而多与醋酸配合使用。

以上为单纯固定液，不同固定液各有优缺点，因此实际应用时，通常根据这些化学药品的特性，优化组合，配制成混合固定液，取长补短，从而达到良好的固定作用。

(三) 常用的标本保存液

(1) 乙醇：配制70%～75%水溶液作为标本保存液。

(2) 甲醛：配制5%～10%水溶液作为标本保存液。

以上两种液体也可混合使用，即50%乙醇和2%甲醛混合，作为常用的标本保存液。为防止标本变硬变脆，可在标本保存液中加入少许甘油。

第三节　海滨环境的实习方法

粤闽地区的海滨环境多样，有岩石滩、沙滩及泥沙滩、海港码头等。面对不同的海滨环境，动物学实习方法不同。

一、岩石滩

岩石滩是由多种礁石组成的海滩，为动物栖息提供了良好的固着、掩藏及避敌环境。动物种类较丰富，同时也是标本采集的良好地方。通常坡度不大、相对平坦，礁石参差不齐，藻类繁茂的地方，是动物的种类和数量较丰富的地方。相反，岩岸陡峭，缺乏藻类生长，又是大浪直接冲击的光裸岩石处所，动物种类较为贫乏。

常见岩石滩动物的采集方法如下：

（1）在岩石上快速爬行的动物的采集方法。

在岩石表面上，常见有海蟑螂、蟹类等行动敏捷的动物种类。在采集海蟑螂及螃蟹时，可采用有柄的网将其网住，然后装进瓶中。也可采用诱捕法捕捉海蟑螂，在有盖的小塑料桶中放置诱饵，桶盖留有小空隙，然后放置于海蟑螂活动的礁石洞穴中，待其到桶内获取食物时，快速盖上桶盖而将其捕获。

（2）吸附在岩石表面的动物的采集方法。

在礁石的表面，尤其是退潮后，吸附着多种动物，如笠贝、单齿螺、蜒螺等，可用镊子摄取它们。对于一些吸附力较强的种类，如石鳖等，足部发达，用足紧紧附着于岩石或石块上生活，固着力很强，采集时，须乘其不备，迅速从其一侧推动，便可以使其从岩石表面脱离。此外，这些吸附在礁石表面动物的体表颜色与环境的颜色非常接近，即具有保护色，采集时若不注意观察，不易发现它们的存在。

（3）固着在岩石上的动物的采集方法。

瓣鳃纲的牡蛎、甲壳纲的藤壶、颚足纲的龟足，其钙质的壳板或柄通常固定在岩石上。采集时，需用锤子与凿子将其附着物一块采下，否则不容易采到完整的标本。海葵也是在岩石上固着生活的种类。采集时，用凿子将其下端固着部分的岩石一起采下。

（4）岩石积水处的动物的采集方法。

在岩石凹面或缝隙积水处，生活着许多种类的动物，翻开石块、一些泥或沙子，便可以发现如小鱼、虾、贝类、海葵、海牛等动物。采集海胆、海参、海星或沙蚕等时，可用渔网。采集匍匐爬行的涡虫时，可用毛笔或竹片逆涡虫运动的方向诱导取下，或用小镊子将其轻轻挑下来，放入盛海水的小瓶或小管中。涡虫身体柔软、易破损，采集时必须小心，最好单独装在瓶子里。

(5) 栖息于海藻中的动物的采集方法。

在岩石间海藻较多的积水处，注意观察水面，可发现多种生于海藻中的动物，如卷蛭、麦秆虫、藻虾、水母等。采集时，可轻轻扰动水草，再仔细观察，即可见如钩手水母等动物游向水面。采集时，可用一塑料小桶捞取，置于桶或瓶中。而麦秆虫用其胸足钩附在海藻上生活，其形态和颜色与海藻很相似，在褐藻间生活者均为褐色，在绿藻上生活者均为绿色。因此，麦秆虫是观察拟态和保护色的好材料。采集时可用小镊子将其连同所附着的海藻一块取下，或者轻轻将其与海藻分开，放入盛海水的玻璃瓶中，带回实验室再认真观察与收集。

二、沙滩及泥沙滩

沙滩是指由细沙及一些贝壳或其碎屑组成、沙多泥少的海滩，栖息的动物种类相对较少。沙滩上通常生活着感觉灵敏、行动迅速的动物，如沙蟹、砂海星等。而泥沙滩是指泥、沙兼有或沙少泥多的海滩。由于泥沙滩海藻较多，有机碎屑丰富，充氧条件好，动物种类比沙滩丰富得多。对于生于泥沙滩表面的贝类、蟹类、棘皮动物等，可直接采集。生活于泥沙表层的双壳类如泥蚶、蛤类、沙蚕、星虫等，可用铁铲顺其洞穴翻开泥沙后采集。

常见动物的采集方法如下：

1. 海仙人掌（*Cavernularia sp.*）

海仙人掌属于腔肠动物珊瑚纲，栖息于沙内，体为棒状，呈黄色或橙色。满潮时，体大部分露于外面，仅柄部插入沙内。因此，采集时用铲子将其柄部挖出，并置于盛有新鲜海水的桶内带回。

2. 竹蛏（*Solen strictus*）

竹蛏为软体动物门双壳纲真瓣鳃目动物。退潮后，在泥沙岸上可观察到紧密相邻、大小相等的两个小孔，长约 1 cm，呈哑铃形，受震动后两个小孔下陷成一个较大的椭圆孔，可能为竹蛏的孔穴。采集时，勿惊动竹蛏，迅速挖深达 30 ~50 cm，即可采得标本。

3. 虾蛄（*Oratosquilla oratoria*）

虾蛄属于节肢动物门甲壳动物亚门动物。其形状像琵琶，多在低潮线的泥沙中。在它洞穴两端开口，采集时，可用脚踏其穴的一端徐徐前进，动物则从另一端穴口出来。

4. 海棒槌（*Paracaudina chilensis*）

海棒槌又名海老鼠，属于棘皮动物门海参纲。其穴居于沙中，在低潮线一带分布较多，洞穴的外观很易辨认。其特征为：在平坦的沙滩上，若见有小沙丘（高 3 ~4 cm，直径约为 15 cm）其上有一个小孔；在距小沙丘 20 cm 左右的地方有一小穴，小穴深度约为 5 cm。海棒槌即穴居于此下面深 20 ~ 30 cm 的地方。采集时，在小沙丘与小穴之间连一直线，在直线的侧面（一侧或两侧）用铁锹迅速挖之即可采得。

三、海港码头

海港码头是海滨动物生存的一类特殊环境。在此环境中生活的动物，有的种类常是其他地方不易见的。在海港内的浮筒上、码头桥柱上、浮船的船底上以及平常浸在水里的浮船两侧，都会附着许多动物。在这类环境中实习，应观察这些动物的形态特征、运动方式、摄食方法等。这些动物中有不少种类体质柔软，应思考这与其生活环境有何关系。

常见动物的采集方法如下：

1. 薮枝螅

薮枝螅是水螅虫目薮枝螅属动物的通称。这类动物都营群体生活，附着于海港内浮木、海藻（海带、海白菜等）及其他物体上。采集时，最好连同附着物一起采下，以便观察其自然的附着状态。采到这些动物后，须置于新鲜海水的宽阔容器内，不可重叠堆放，以免让动物陷入半收缩或收缩状态，甚至将其闷死。

2. 海月水母（*Aurelia*）

在海水中营漂浮生活。由于海月水母体质柔软，极易破碎，尤其是伞部边缘处。因此，采集这类标本时，最好用塑料盆将动物和海水一同舀起。然后，选取体形较大、直径约 10 cm、四个马蹄形生殖腺明显的个体，置于盛有新鲜海水的容器中，容器内的标本不宜过挤，以免破损。采集后如距离处理时间较长，须常更换新鲜海水，否则水母会因缺氧死亡而解体。

3. 船蛆

船蛆属于蛀船蛤科动物。船蛆多数凿木而生，破坏木船和码头建筑。如果在码头的桥柱上或海港内浸在水内的木质建筑上，看到许多约 1 mm 或 1 mm以上的孔洞时，多半有船蛆在里面生活。从木材中剥取船蛆标本时，需要很细心，从头到尾逐渐剥，才能得到一个完整的标本。

第四节　海滨动物的标本处理与制作方法

动物标本的采集与制作，是实习教学的重要组成部分。在实习中采到的动物标本，需科学的处理、制作与保存，一方面大大充实了实习的教学内容，为该课程积累教学资源；另一方面，标本可为教学或科研提供材料。

一、动物样品的前处理

（1）样品麻醉前或处理前须将标本初步分类，并规划样品将制作成哪一类型的标本。因为动物样品及标本类型不同，其具体处理方法不同。

（2）标本在处理前需要将其体上的泥沙、杂质清洗，方可进行麻醉、固定和保存。需要麻醉的标本，用海水冲洗，避免其受刺激；不需要麻醉的标本，用海水或淡水冲洗皆可。

（3）有的海滨动物，在样品处理时，若直接置于固定液中，其身体会受刺激而收缩变形。因此，这类动物须先麻醉，后固定。

（4）干制的标本，必须用淡水冲洗干净，去掉动物体表面的盐分，并晾干。保存具有石灰质贝壳和骨骼的动物标本，最好用酒精，不能用福尔马林，因为福尔马林易侵蚀石灰质的贝壳和骨骼。

（5）标本登记的标签，要放在瓶内，不要只贴于瓶上，以免运输途中掉落或磨损。

二、动物样品的麻醉

（1）麻醉动物样品前，须用新鲜海水培养动物，使动物尽可能处于正常生活状态，身体充分伸展时，才开始麻醉。

（2）正在进行麻醉的动物标本，应该置于安静平稳的环境中，即没有震动或其他刺激、光线稍暗的地方。

（3）在麻醉过程中，如因麻醉剂放得太快或量太大，或太接近动物，导致动物体或触手受刺激而收缩时，立即停止加麻醉剂，重新更换新鲜海水，待动物恢复正常状态后，再次进行麻醉。

三、固定法

（1）普通固定法：对于大多数动物样品，可采用5%～10%的甲醛溶液或 70% ~80% 的酒精做固定液。

（2）快速杀生固定法：一些动物对固定药剂非常敏感，采用普通固定法会导致其身体收缩，如平角涡虫等。因此，可采用快速杀生固定法，即采用 15% 左右的海水升汞饱和溶液，将其加热至 60 ℃，然后快速注入，让动物来不及收缩就已被固定。

（3）制片标本固定法：当动物固定后，为了将其制作成切片进一步观察研究，可采用 Bouin's 液作固定液。其配方为：苦味酸饱和溶液 75 ml、40% 甲醛 25 ml 和冰醋酸 5 ml。固定时间为 12 ~48 h。固定后将标本置于 70% 乙醇中，可进一步制作切片。

四、海滨实习的注意事项

1. 注意保护动物资源与环境

海滨实习过程中，有些学生由于好奇，采集大量标本而忽略对动物资源的保护。实习时要重视观察与数据采集，适量采集生物标本。采集过程中，应把翻转后的石块、泥沙等恢复原样，以保护生态环境。

2. 采集处理标本时应重质不重数量

能处理几个好的标本胜过采集千百个坏的标本。采集时不仅要采集大型标本，也要采集小型标本。且将所采集的标本及时、科学地处理。

3. 采集的标本要分别装放

采集时会采到大小、强弱、软硬不同的各种各样的动物标本，对不同类型的标本，必须分别装放在不同的瓶、管或采集桶里，不能混杂堆放，以免标本损伤。

4. 采集时注意有毒动物

采集时注意有毒动物，做好安全措施。对于不认识的动物，切勿用手直接接触或捉拿，应以竹夹子或其他工具采集，直接放入采集桶或玻璃瓶内。

5. 保存的标本一定要有标签

标签要用不怕浸湿的纸料，标签上要注明日期、产地、编号及采集者。写标签时要用较硬的铅笔，切勿用钢笔及圆珠笔。

6. 爱护实习工具

海水容易腐蚀金属工具。每次使用金属工具后，须用淡水洗净、擦干。

第二章　海滨常见无脊椎动物

第一节　原生动物门

原生动物门（Protozoa）动物的身体由单个细胞构成，因此也称为单细胞动物。大多数种类由于身体微小，需通过显微镜才能观察到。常见动物有夜光虫（*Noctiluca*）（图2－3）、球房虫（ *Globigerina sp.* ）（图2－4）等。

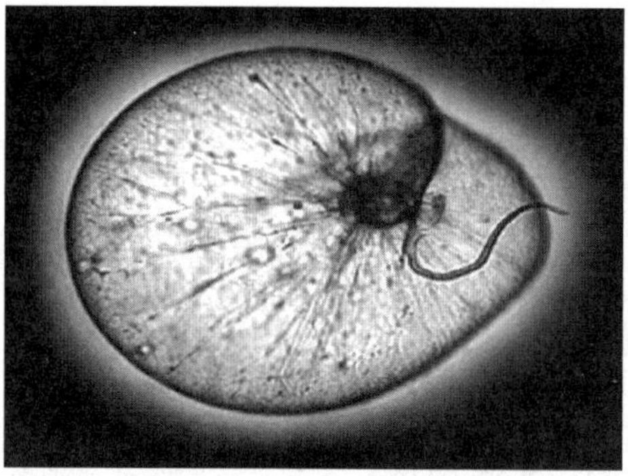

图2－3　夜光虫

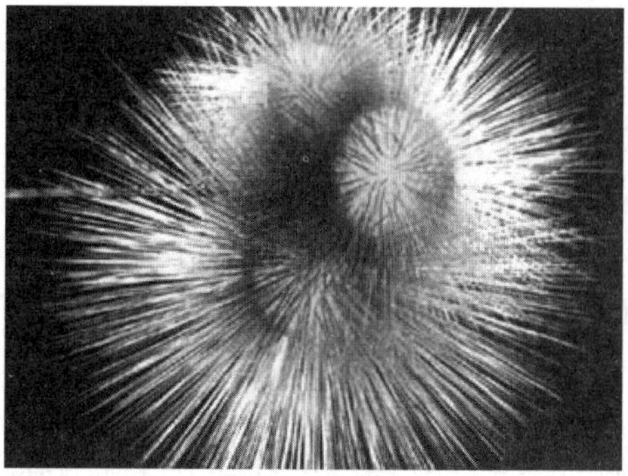

图2－4　球房虫

夜光虫的身体为圆球形，直径为1 mm左右，颜色偏红，细胞质密集于球体的一部分。其内有核，其他部分由细胞质放散成粗网状。有两根鞭毛，一根较大，称为触手；另一根较小。其体内含有许多拟脂颗粒，受到机械刺激时会发光。夜光虫和其他腰鞭毛虫大量繁殖时可导致赤潮发生，令部分海洋生物死亡。

第二节　多孔动物门

多孔动物门（Porifera）的动物身体由多细胞组成，但细胞间保持着相对的独立性，还没有形成组织或器官。除少数种类外，往往没有对称面，在许多方面与低等植物相似。

一、日本矶海绵（*Reniera japonica*）

日本矶海绵（图2-5），俗称黄矶海绵，属寻常海绵纲（Demospongiae），多生活在浅海潮间带的岩礁上。外形为不规则的壳层状，为山形群体，其表面有管状突起部分，散在顶上有若干流出孔，孔直径为0.8~1.3 mm，生活时体表呈赤橙色或黄橙色。

二、白枝海绵（*Leucosolenia*）

白枝海绵（图2-6）是钙质海绵纲（Calcispongea）同腔目（Homocoela）的一属管状分枝海绵。其骨针钙质，单沟型水沟系，个体较小，生于浅海。多数个体长2.5 cm或以下。个体细长，由根状的突起连成一簇并附于海底。

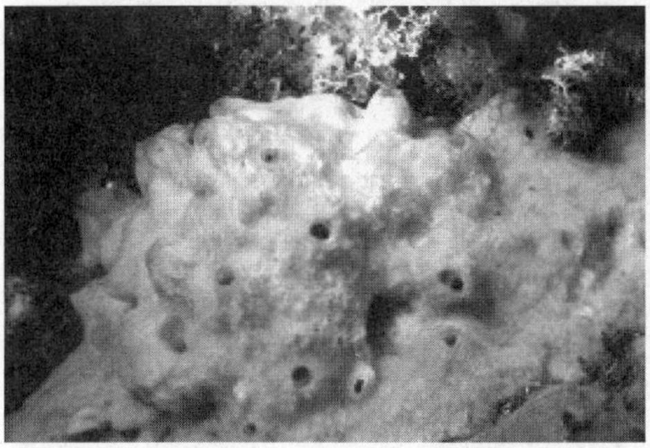

图2-5 日本矶海绵

图2-6 白枝海绵

第三节 腔肠动物门

腔肠动物门（Coelenterata），现又称刺胞动物门，在水中营固着或漂浮生活，辐射对称，水螅型或水母型，或两者兼有，或交替出现。刺胞动物除极少数种类为淡水生活外，绝大多数种类均为海洋生活，多数在浅海，少数为深海种，现存约11 000种。

一、水螅纲（Hydrozoa）

具水螅型和水母型，无口道，水母型具缘膜，性细胞由外胚层细胞产生，如僧帽水母、筒螅、水螅、桃花水母。薮枝虫（*Obelia genicutata*）（图2-7）：为树枝状的水螅型群体，生活于浅海中，营固着生活，常附着在海藻、贝壳、浮标或船底上。僧帽水母（*Physalia physalis*）（图2-8）：为浮游性多态群体水母，栖息于热带海洋中，营浮游生活。大的浮囊状如僧帽，长9~30 cm。气囊下有水螅型个体，触手极长，有的达16 m。

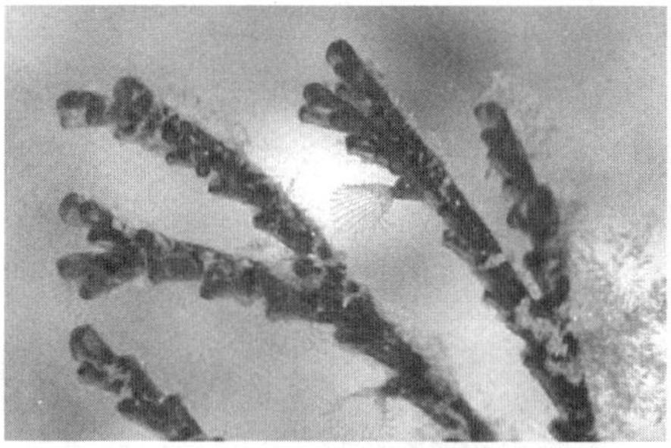

图2-7 薮枝虫

图2-8 僧帽水母

二、钵水母纲（Scyphozoa）

为海产，大型，水母型发达，水螅型退化，无缘膜，生殖腺由内胚层产生，常见有海月水母、海蜇、霞水母等。

海蜇属（*Rhopilema*）：像蘑菇状，分伞部和口腕两部分。伞部（即海蜇皮）超过半球形，直径300~600 mm。外伞部表面光滑，中胶层厚，晶莹剔透；触手乳白色，口腕八枚，缺裂成许多瓣片。胶质较坚硬，通常呈青蓝色。广布于我国南北各海中。常见有海蜇（*R. esculenta*）（图2-9）、黄斑海蜇（*R. hispidum*）、沙海蜇（*R. esculentum*）。

我国沿海地区已发现白色霞水母、棕色霞水母、紫色霞水母和发状霞水母（图2-10）4种霞水母。其共同特征是具有8个感觉器、8束纵辐位触手。

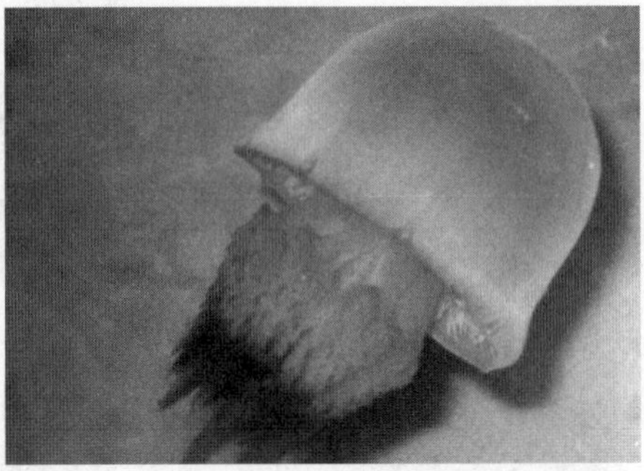

图 2－9 海蜇

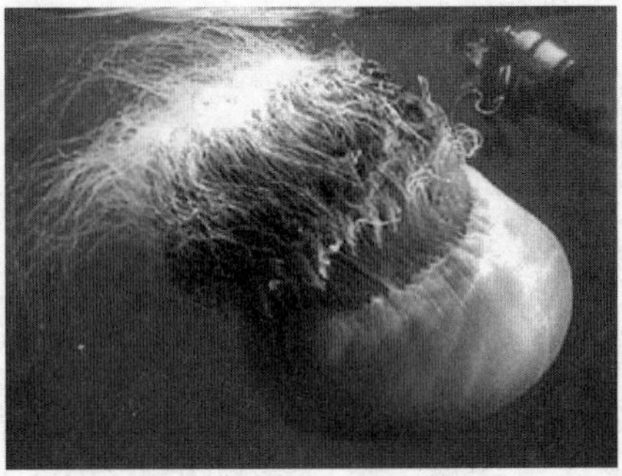

图 2－10 发状霞水母

三、珊瑚纲（Anthozoa）

全部海产，水螅型单体或群体，口道发达，有隔膜和胃丝，生殖腺由内胚层产生，多具骨骼。可分为两个亚纲，即六放珊瑚亚纲和八放珊瑚亚纲。六放珊瑚亚纲具许多不分支的触手和多数完整的隔膜，常见有各种海葵及石珊瑚目的动物；而八放珊瑚亚纲具 8 个羽状触手和 8 个完整的隔膜，常见有海鸡头、柳珊瑚及海鳃等。

绿疣海葵（*Anthopteura midori*）（图 2－11、图 2－12）体呈圆柱形，伸展时体长 19 ~ 62 mm，直径 16 ~ 54 mm；收缩时体长 12 ~ 23 mm，直径 10 ~ 31 mm。体壁上有许多纵行的疣突。栖息在浅海和岩礁间的积水处。

图 2－11 绿疣海葵（舒展状态）

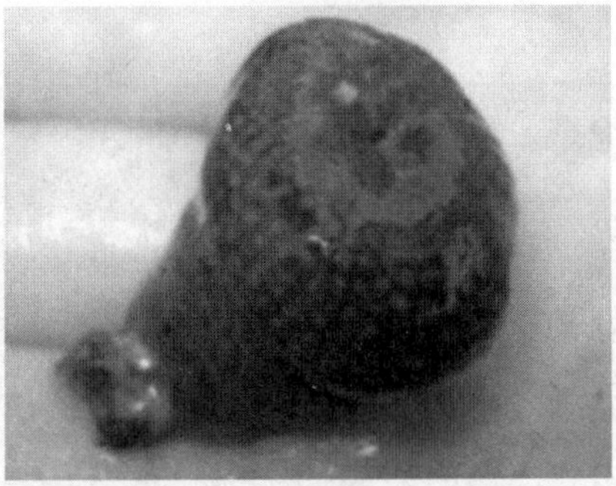

图 2－12 绿疣海葵（收缩状态）

鹿角珊瑚属（*Acropora*）（图 2－13、图 2－14）：其群体一般呈分枝状、树木状、灌木状。本属是造礁石珊瑚中数量最大、种类最多，也是分类最困难、变异最大的属。现知有 382 种，34 化石种。

图 2－13　粗野鹿角珊瑚

图 2－14　松枝鹿角珊瑚

第四节　扁形动物门

扁形动物门（Platyhelminthes）动物是一类背腹扁平，两侧对称、三胚层，无体腔，无呼吸系统，无循环系统，有口无肛门的动物。已记录的扁形动物约有 15 000 种，生活于淡水、海洋或陆地潮湿处。一般分为 3 纲：涡虫纲（Turbellaria）、吸虫纲（Trematoda）和绦虫纲（Cestoda）。

涡虫纲大部分种类营自由生活。个体小者不足 1 mm，大者可达 50 cm，上皮具纤毛，有杆状体和许多黏液腺体。通常具色素，有些种类有鲜艳的颜色。

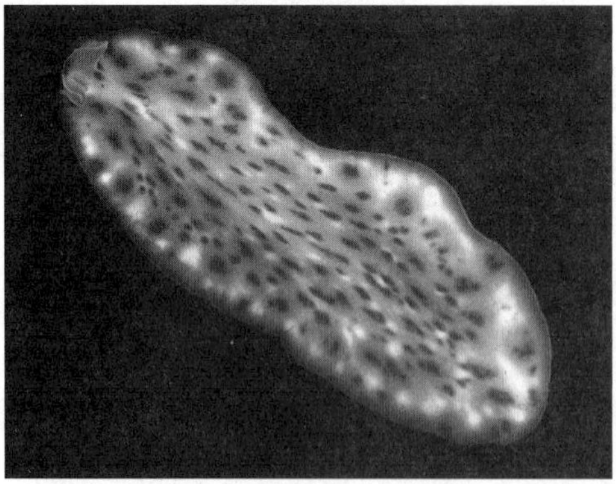

图 2－15　涡虫（Ⅰ）

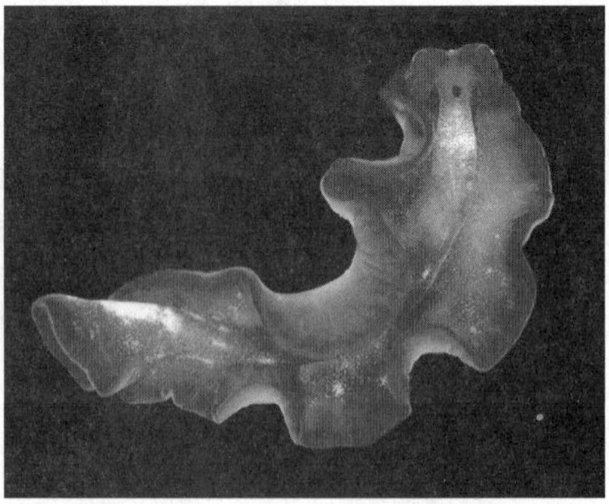

图 2－16　涡虫（Ⅱ）

第五节 环节动物门与星虫动物门

一、环节动物门（Annelida）

环节动物门是高等无脊椎动物的开始，约有9 000种。体外有由表皮细胞分泌的角质膜，体壁有肌层。通常有几丁质的刚毛或疣足，按节排列，有头及口前叶，附肢有或无。呈世界性分布，见于各类生境，尤其在海洋、淡水或潮湿环境中。沙蚕（*Nereis succinea*）（图2－17）：喜栖息于有淡水流入的沿海滩涂、潮间带中，我国有80多种。

二、星虫动物门（Sipuncula）

星虫动物门是动物界的一个小门，身体柔软，长筒状，形似蠕虫，不具体节，无疣足及刚毛，具闭管式循环系统。一般体长约10 cm，最大的可达30～40 cm，营底栖穴居生活。本门动物有200余种，全部海产，广泛分布于三大洋中，我国海域约有60种。

图2－17 沙蚕

图2－18 方格星虫

第六节 软体动物门

软体动物门（Mollusca）是三胚层、两侧对称，具有真体腔的动物。软体动物在形态上变化很大，但在结构上都可以分为头、足、内脏团及外套膜四部分。现存的种类达11万种以上，还有35 000化石种，是动物界中仅次于节肢动物的第二大门。

一、多板纲（Polyplacophora）

多板纲动物体椭圆形，左右对称，背腹扁平，贝壳由8块石灰质的板构成，有环带，头部不明显。常见有各种石鳖（图2-19）。呈世界性分布，约1 000种，全部海产。

二、掘足纲（Scaphopoda）

全部是海产，泥沙中穴居的一类小型软体动物。身体左右对称，贝壳呈象牙状，壳分粗细两端，均有开口，足发达，头部退化，无鳃，无围心腔和血管。常见有角贝（图2-20）。

图2-19 石鳖

图2-20 角贝

三、腹足纲（Gastropoda）

腹足纲，通称螺类，是软体动物中最大的一纲，为动物界第二大纲，包括75 000生存种及15 000化石种。贝壳1个，呈螺旋状，壳口大多具厣；头部明显，有眼及触角，口中有齿舌；其内脏团常随贝壳的扭曲而呈螺旋形，左右不对称；腹足纲在海洋、淡水和陆地均有分布。该纲可细分为前鳃亚纲、后鳃亚纲和肺螺亚纲3个亚纲。

图 2－21 女巫骨螺

图 2－22 长琵琶螺

四、双壳纲（Bivalvia）

两侧对称，身体侧扁，都具有两枚发达的贝壳包围整个身体，故名双壳纲；足部发达，头部退化，无触角及感官；鳃发达，呈瓣状，因此也称瓣鳃纲（Lamellibranchia）。多数为海产，少数为淡水产。约有 2 万种，分布很广。一般运动缓慢，有的潜居泥沙中，有的固着生活，也有的凿石或凿木而栖，部分种能产珍珠。栉孔扇贝（图 2－23）及近江牡蛎（图 2－24）为海滨习见种类。

图 2－23 栉孔扇贝

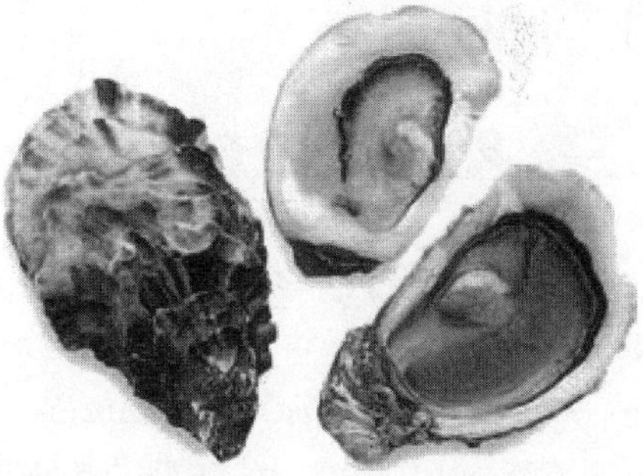

图 2－24 近江牡蛎

五、头足纲（Cephalopoda）

两侧对称，头部和躯干部发达，眼也发达。常见有柔鱼、章鱼、大脐鹦鹉螺（*Nautilus macromphalus*）（图 2－25）、曼氏无针乌贼（*Sepiella maindroni*）（图 2－26）等，多数种类是重要的经济海产品。全部海产，现存 700 多种，化石种类很多，繁盛于中生代。

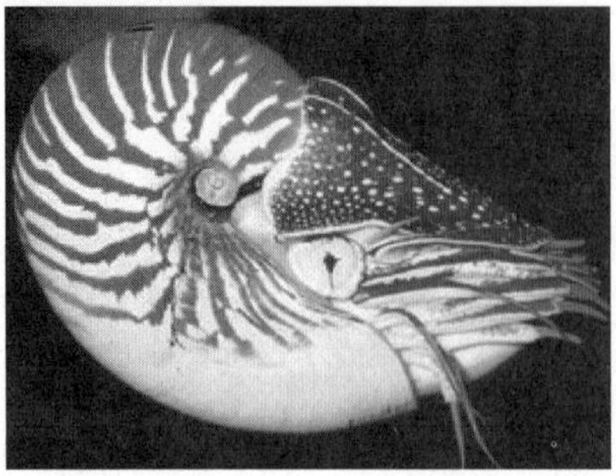

图 2-25 大脐鹦鹉螺

图 2-26 曼氏无针乌贼

第七节 节肢动物门

节肢动物门（Arthropoda）是动物界最大的一门，是身体分节、附肢也分节的动物，也是动物界中种类最多、数量最大、分布最广的一门。常见的中华鲎、水蚤、虾、蟹、蜈蚣、蝗虫、蝴蝶等都属于节肢动物。全世界约有 120 万现存种。本节主要介绍海洋节肢动物。

节肢动物可分为 5 个亚门：三叶虫亚门（Trilobitomorpha）（已灭绝）、螯肢亚门（Chelicerata）、甲壳亚门（Crustacea）、六足亚门（Hexapoda）、多足亚门（Myriapoda）。

一、螯肢亚门（Chelicerata）

螯肢亚门肢口纲（Merostomata）的动物属于水生种类。现存的肢口纲只有 4 个物种，大多是古新世的化石物种。

中华鲎（*Tachypleus tridentatus*）（图 2-27、图 2-28）：体长可达 60 cm，体重 3 ~ 5 kg。中华鲎由三部分组成：头胸甲略呈马蹄形（故又名马蹄蟹）；腹部呈六角形，两侧具棘刺；尾部是一根长的尾剑。它是一种古老的生物，早在 3 亿多年前的泥盆纪就生活在地球上，至今仍保持其形态，有“生物活化石”之称。中华鲎主要生活在浅海沙质海底，喜欢栖息于盐度较低的河口；同时，具有溯河而上的习性。

图 2－27　中华鲎（正面）

图 2－28　中华鲎（反面）

二、甲壳亚门（Crustacea）

甲壳亚门动物生活于海洋或淡水中，极少数在潮湿的陆地上生活，身体分为头胸部和腹部。体节及附肢较多，附肢大多保持双枝型，有 2 对触角，现有 3 万多个物种，包括我们熟悉的水蚤、剑水蚤、丰年虫、对虾、螯虾、龙虾、蟹等。

（一）十足目（Decapoda）

十足目是甲壳亚门中最大的一目，共有 9 000 多种。体分头胸部及腹部。胸肢 8 对，前 3 对形成颚足，后 5 对变成步足。包括各种虾类、寄居蟹类、蟹类。

（1）寄居蟹（*Paguridae*）（图 2－29）：是十足目异尾下目寄居蟹科和陆寄居蟹科的概称。其外形介于虾和蟹之间，主要以螺壳为寄体，体形长，分头胸部及腹部。

（2）日本关公蟹（*Dorippe japonica*）（图 2－30）：属于十足目关公蟹科关公蟹属，广泛分布于日本、朝鲜以及中国沿海，多见于潮间带及近岸水深 20～130 m 的泥沙底。

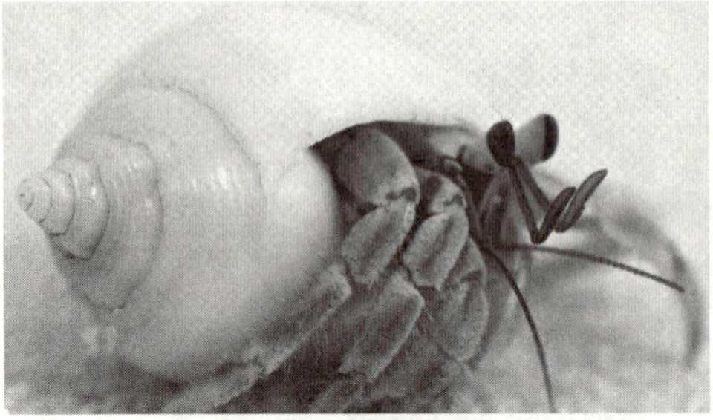

图 2-29 寄居蟹

图 2-30 日本关公蟹

（二）围胸目（Thoracica）

围胸目在蔓足纲（Cirripedia）中最有代表性，可分为有柄的和无柄的两大类。附着在其他物体上（岩石等），胸部具 6 对发达的蔓肢，外套被钙质板所遮盖，如茗荷儿、藤壶等。

1. 龟足（*Capitulum mitella*）（图 2-31）

龟足属于颚足纲有柄目铠茗荷科。它附着在其他物体（岩石等）上生活，胸部具 6 对发达的蔓肢，外套被钙质板所遮。

2. 藤壶属（*Balanus sp.*）（图 2-32）

该属动物营固着生活，是附着在海边岩石上的一簇簇灰白色、有石灰质外壳的节肢动物。它有坚硬的外壳，柄部已退化，头状部的壳板则增厚且愈合。

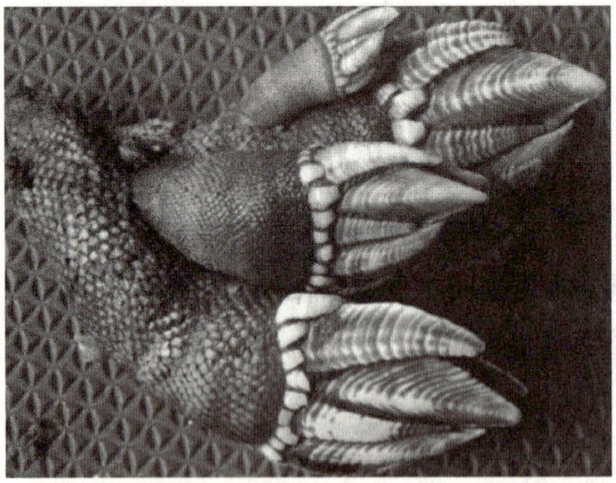

图 2-31 龟足

图 2-32 藤壶

第八节　棘皮动物门

棘皮动物门（Echinodermata）是一类后口动物，属于高等无脊椎动物。大多底栖，少数海参行浮游生活；自由生活的种类能够缓慢移动，从浅海到数千米的深海都有广泛分布。现存种类6 000多种，化石种类有20 000多种，我国记录有300多种。

一、海百合纲（Crinoidea）

海百合纲是现有棘皮动物中最古老与最原始的一纲，古生代繁盛，现已衰退。化石种类有5 000多种，现生种类610多种。现存的海百合分为两个类型：一为柄海百合（图2－33），终生有柄，营固着生活；二为无柄海百合（图2－34），成体无柄，营自由生活或暂时性固着生活。

图2－33　柄海百合（固着生活）

图2－34　无柄海百合（自由生活）

二、海星纲（Asteroidea）

海星纲动物身体扁平，多呈星形，口在下边中央。腕从体盘伸出，腕的数量一般为5或5的倍数，身体中央盘与腕之间界线不明显。口在下方；有步带沟，管足具吸盘；各腕有棘、瘤或疣等附属物；背面颜色鲜明。

图 2－35　海盘车

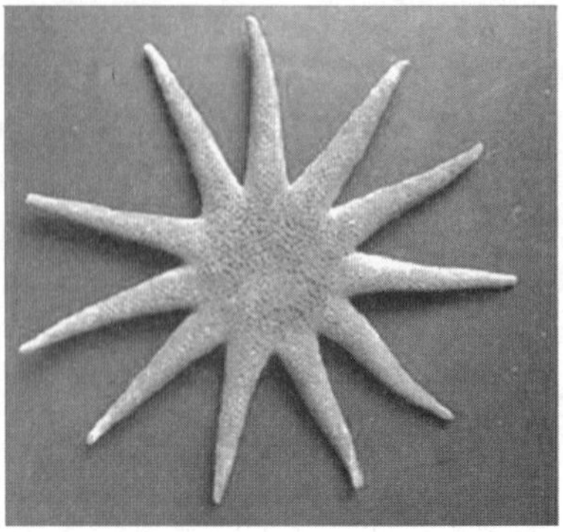

图 2－36　太阳海星

三、蛇尾纲（Ophiuroidea）

蛇尾纲也称阳遂足纲，是现存棘皮动物中最大的一个纲，有 2 000 现存种及 200 化石种。体盘小，体盘和腕之间有明显的界线。腕细长，弯曲能力强，无步带沟，无管足且无吸盘。因腕的外观和运动似蛇尾而得名。

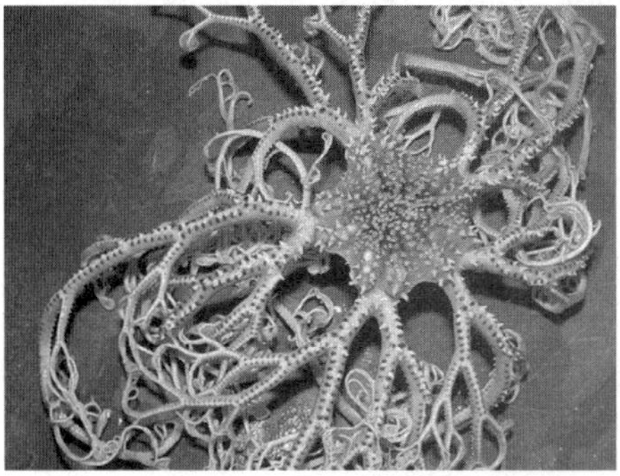

图 2－37　框蛇尾

图 2－38　蛇尾

四、海胆纲（Echinoidea）

体呈半球形、心形或薄饼状等。无腕和触手。壳上生有能活动的棘。雌雄异体。其中紫海胆、马粪海胆和大连紫海胆等的卵可供食用。约 5 000 化石种，800 现存种，我国已知有约 100 种。

紫海胆（*Anthocidaris crassispina*）（图 2－39、图 2－40）主要分布在我国浙江、福建、广东、广西等沿海地区，是我国东南沿海的重要捕捞品种，具有很高的营养及药用价值。生活在水深 3～7 m、大型海藻类生长繁盛的岩礁区，喜栖息于岩礁的背光处或石缝间。

图 2－39 紫海胆（正面）

图 2－40 紫海胆（反面）

五、海参纲（Holothuroidea）

体呈蠕虫状，两侧对称，背腹略扁，具管足，背侧常有疣足，为一种变形管足，无吸盘或肉疣。内骨骼为极微小的骨片，形状规则。海参类超过 900 种，广布于世界各海洋中，我国约 120 种。海参类在体形大小上有很大变化，体长 3 cm～1.5 m。常见种类有蛇目白尼参（*Bohadschia argus*）（图 2－41）、海苹果（*Pseudocolochirus axiologus*）（图 2－42）等。

图 2－41 蛇目白尼参

图 2－42 海苹果

第三章　海洋脊索动物

脊索动物门是动物界最高等的一门，共同特征是在其个体发育全过程或某一时期具有脊索、背神经管和鳃裂（即脊索动物门的三大特征）。已知有7万多种，分3个亚门：尾索动物亚门（Urochorda）、头索动物亚门（Cephalochordata）和脊椎动物亚门（Vertebrata），其中脊椎动物亚门为此门最重要和最多的类群。

第一节　原索动物

一、尾索动物亚门（Urochordata）

尾索动物亚门是身体包在胶质或近似植物纤维素成分的被囊中，至少在幼体时期尾部具有脊索及神经管的低等脊索动物，成体具被囊；体呈袋形或桶状，包括单体和群体两种类型。本亚门动物分布于世界各地海洋，约2 200种，分属于3个纲：尾海鞘纲（Appendiculariae）、海鞘纲（Ascidiacea）、樽海鞘纲（Thaliacea）。

1. 海鞘纲

海鞘纲是尾索动物亚门种类最多的纲，约有1 250种。广布于我国的海鞘纲动物有米氏小叶鞘（*Leptoclinum mitsukurii*）、星座美洲海鞘（*Amaroucium constellatum*）等。

图2－43　柄海鞘

2. 樽海鞘纲

樽海鞘纲大多是营自由游泳生活的漂浮型海鞘，约有65种。体呈桶形或樽形；成体无尾；繁殖方式是有性与无性的世代交替。代表动物有樽海鞘（*Doliolum deuticulatum*），我国厦门沿海曾发现过小海樽（*Dolioletta natilnalis*）。磷海鞘（*Pyrosoma atlanticum*）

为群体型种类。

二、头索动物亚门（Cephalochordata）

头索动物亚门是一类终生具有发达脊索、背神经管和咽鳃裂等特征的无头鱼形脊索动物。

本亚门仅文昌鱼目（Branchiostomiformes）一个类群，属头索纲（Cephalochorda），通称文昌鱼。我国厦门、青岛等地所产的白氏文昌鱼（*Branchiostoma belcheri*）（图2-44），可作为头索动物的代表。

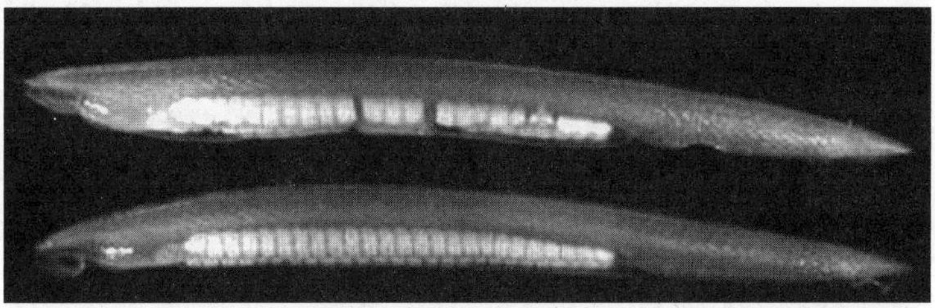

图2-44　白氏文昌鱼

第二节　圆口纲

圆口纲（Cyclostomata）又称无颌类（Agnatha），是无成对偶肢和上下颌的低等脊椎动物。体裸露无鳞，呈鳗形，分头、躯体和尾三部分。生活于海洋或淡水中，有些种类具有洄游习性。营寄生或半寄生生活，以大型鱼类及海龟类为寄主。

一、盲鳗目（Myxiniformes）

本目仅1科，即盲鳗科（Myxinidae），分为两个亚科：①粘盲鳗亚科，2属约20种；②盲鳗亚科，4属11种。蒲氏粘盲鳗（*Eptatretus burgeri*）（图2-45）为我国南方常见种。

二、七鳃鳗目（Petromyzontiformes）

本目仅七鳃鳗科1科，下分3亚科6属41种。我国仅存1属3种，生活在江河（如东北七鳃鳗、雷氏七鳃鳗）或海洋中（如日本七鳃鳗）（图 2 -46）。

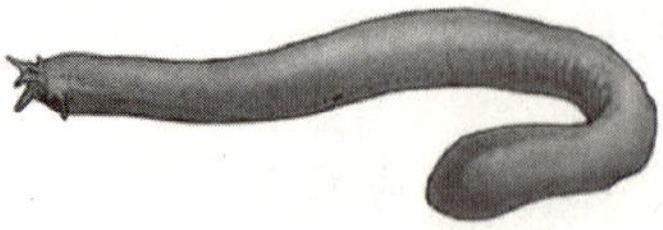

图 2 -45 蒲氏粘盲鳗

图 2 -46 日本七鳃鳗

第三节 鱼 纲

鱼纲（Pisces）是体被骨鳞、以鳃呼吸、用鳍作为运动器官和凭上下颌摄食的变温水生脊椎动物。根据 Nelson（1994 年）统计，全球现生种鱼类共有 24 618 种。生活在海洋里的鱼类约占全部总数的 58. 2% ，栖于淡水中的鱼类约占 41. 2% 。

一、软骨鱼纲（Chondrichthyes）

软骨鱼纲的现存种约有 800 种，广泛分布于印度洋、太平洋和大西洋，但以低纬度海洋为主要栖息场所。我国沿海所产的软骨鱼类种类很多，现知有 162 种，其中鲨类 97 种，鳐类 62 种，银鲛类 3 种，以栖息南海的种类最多。

本纲分为 2 个亚纲，即板鳃亚纲和全头亚纲。

（一）板鳃亚纲（Elasmobranchii）

1. 鲨形总目

代表动物有以下 8 种：

（1）六鳃鲨目（Hexanchiformes）。

结构原始，鳃孔 6 ~ 7 个；眼侧位，无瞬膜；鼻孔近吻端，不与口相连；吻软骨 1 个；喷水孔细小；背鳍 1 个，无硬棘，后位，具臀鳍。本目 1 科（六鳃鲨科）3 属 4 种，我国 3 属均产，其中以扁头哈那鲨（*Notorynchus cepedianus*）（图 2 -47）较为常见。成鱼体长 2 ~ 3 m；鳃孔 7 个，头宽扁，吻广圆；眼侧位；喷水孔细小；口宽大，弧形；背鳍 1 个，后位；尾鳍长，尾椎轴低平；臀鳍小；腹鳍约与背鳍等大；胸鳍较大，后缘微凹，外角钝尖。体灰褐色，具不规则暗色斑点。栖息于近海底层，游泳缓慢，性凶猛，主食中小型鱼类及甲壳动物。分布于地中海、印度洋及太平洋西北部。产于我国东海和黄海。

图 2－47　扁头哈那鲨

（2）虎鲨目（Heterodontiformes）。

鳃孔 5 个；头大吻钝，有眶上脊；有鼻口沟；上下颌前后方牙齿异形，前方牙尖细，后方牙扁平呈臼齿状；背鳍 2 个，前方各具 1 硬棘，具臀鳍。本目仅 1 科 1 属 8 种。分布于太平洋、印度洋各热带与温带海区。我国产宽纹虎鲨（*Heterodontus japonicus*）（图 2－48）和狭纹虎鲨（*Heterodontus zebra*）（图 2－49）2 种，分别分布于黄海、渤海和南海。中小型鲨，长可达 1.5 m；体粗大而短，头高近方形；体具各种横纹或斑点；鳃孔 5 个；吻短钝，眼小，椭圆形，上侧位；鼻孔具鼻口沟；口平横，上、下唇褶发达；喷水孔小，位于眼后下方；背鳍 2 个，各具 1 硬棘；具臀鳍；尾鳍宽短，帚形；胸鳍宽大。栖息于底层，食贝类及甲壳类动物。

图 2－48　宽纹虎鲨

图 2－49　狭纹虎鲨

（3）鼠鲨目（Lamniformes）。

鼠鲨目，又称鲭鲨目（Isuriformes），鳃孔 5 个；背鳍 2 个，无硬棘，具臀鳍。本目具 7 科 10 属 16 种，是鲨形总目最大的目，我国有 5 科 6 属 9 种，南海有 4 科 5 属 6 种。

锥齿鲨科尾柄无侧嵴，上方具一凹洼。牙大，锥状。我国产 2 种，即欧氏锥齿鲨（*Carcharias owstoni*）和沙锥齿鲨（*Eugomphodus arenarius*）（图 2－50），均为大型凶猛鱼类，体长可达 2 m 以上。前者分布在东海和黄海，后者分布于南海。

图 2－50　沙锥齿鲨

鲭鲨科背鳍 2 个，第二背鳍和臀鳍很小，尾鳍叉形。尾柄具侧突，尾基上下各具一凹洼。我国产 2 属 2 种，即灰鲭鲨（*Isurus oxyrinchus*）（图 2－51）和噬人鲨（*Carcharodon carcharias*）（图 2－52），前者体长可达 4 m 以上，背部灰青色，腹部白色，性凶猛，常追逐鱼群。后者个体大的可达 12 m，重 1 800 kg，捕食大型动物。分布于热带和温带海区。

图 2－51　灰鲭鲨

图 2－52　噬人鲨

姥鲨科鳃孔宽大，鳃耙细长，形成过滤器，口裂大呈广弧形，牙细小而多。本科只有 1 属 1 种，即姥鲨（*Cetorhinus maximus*）（图 2－53），体长达 15 m，为鱼类中的亚军，是大洋性上层鱼类，性温和，食浮游性无脊椎动物及小型鱼类。

长尾鲨科尾很长，超过体长之半，尾鳍呈镰刀形，最后 2～3 鳃孔位于胸鳍基底上方。口呈弧形，具唇褶。常成群围绕鱼群，用尾击打水面，使猎物昏厥而捕食。我国只产长尾鲨属（*Alopias*），有 3 种，以狐形长尾鲨（*Alopias vulpinus*）（图 2－54）较常见，分布于沿海各海区。

图 2－53 姥鲨

图 2－54 狐形长尾鲨

（4）须鲨目（Orectolobiformes）。

鳃孔 5 个；背鳍 2 个，无硬棘，具臀鳍；有鼻口沟或鼻孔开口于口内；眼小，五瞬膜；喷水孔细小，位于眼后，或大型，位于眼下。本目具 2 亚目 8 科，我国有 3 科 7 属 11 种。

须鲨科多为热带和亚热带中小型鱼类，我国见于东海和南海，有 5 属 9 种，常见有 3 属 3 种。豹纹鲨（*Stegostoma fasciatum*）（图 2－55）尾鳍极长，等于或超过体长的 1/2；幼体黑褐色，成体黄褐色，体表散布黑褐色圆形斑点；为暖水性底层鱼，以软体动物和甲壳类为食，大者体长可达 3 m。条纹斑竹鲨（*Chiloscyllium plagiosum*）（图 2－56）头侧无皮瓣，前鼻瓣具鼻须，背上有一皮膜隆起的嵴；背侧具 12 ~ 13 条暗色横纹，体具圆形或卵圆形白色或淡色斑点；喜栖于浅海底层多藻类的环境中，性温和，主食小鱼和无脊椎动物。

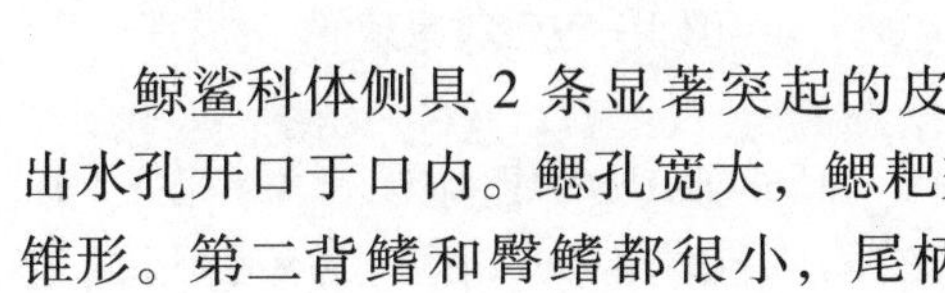

图 2－55 豹纹鲨

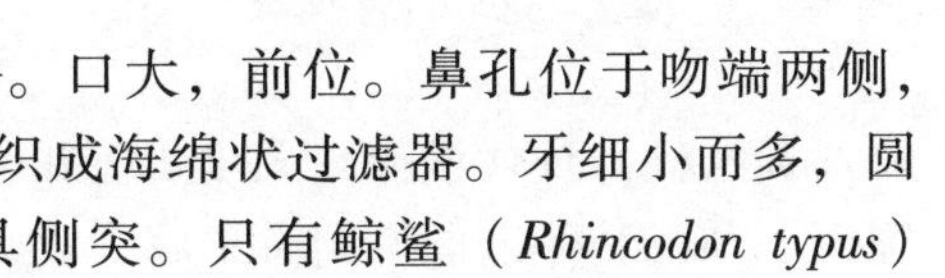

图 2－56 条纹斑竹鲨

鲸鲨科体侧具 2 条显著突起的皮嵴。口大，前位。鼻孔位于吻端两侧，出水孔开口于口内。鳃孔宽大，鳃耙交织成海绵状过滤器。牙细小而多，圆锥形。第二背鳍和臀鳍都很小，尾柄具侧突。只有鲸鲨（*Rhincodon typus*）（图 2－57）一种，以软体动物、浮游甲壳动物和小鱼为食，性温和，最大者体长可达 20 m，重万余斤，为鱼类之冠军，分布于太平洋、大西洋温热带海区。

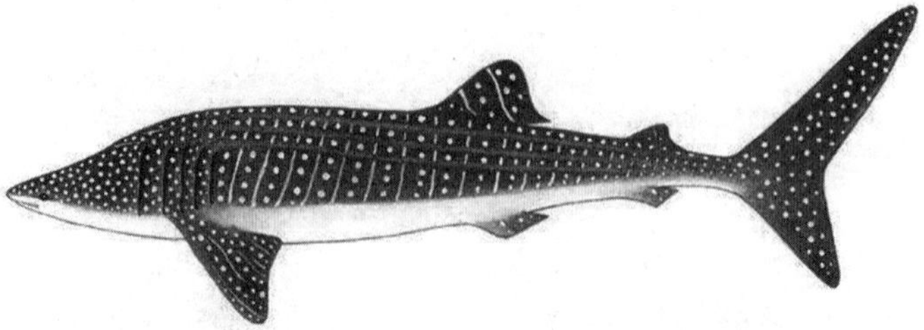

图2－57 鲸鲨

（5）真鲨目（Carcharhiniformes）。

本目眼有瞬膜或瞬褶。背鳍2个，无硬棘，具臀鳍。其是世界上软骨鱼类中属、种最多的一个类群，共8科47属200余种。我国产5科24属60种。常见种类有皱唇鲨（*Triakis*）、星鲨（*Mustelus*）、斜齿鲨（*Scoliodon*）、真鲨（*Carcharhinus*）和双髻鲨（*Sphyrna*）。

皱唇鲨科有4属8种，常见有2属，此2属的上下颌口隅均有唇褶，主要区别是皱唇鲨属（*Triakis*）齿侧扁，不呈铺石状排列；星鲨属（*Mustelus*）齿扁平，呈铺石状排列，齿头退化或消失。常见的种类有皱唇鲨（*T. scyllium*）（图2－58），体色灰褐，具褐色横纹13条，第二背鳍起点前于臀鳍起点，体长在1 m之内，沿海皆产。灰星鲨（*M. griseus*）（图2－59），第一背鳍起点几乎对着或后于胸鳍里角上方，体无白斑，体长常不超过1 m。白斑星鲨（*M. manazo*），与灰星鲨相似，但沿侧线及其上方分布许多不规则的白色斑点。

图2－58 皱唇鲨

图2－59 灰星鲨

真鲨科为现代鲨类中种类最多的一科，在渔业生产中占有一定地位。我国产11属31种，常见的有2属，这2属的喷水孔均消失，齿均为单锋形，主要区别如下：斜齿鲨属（*Scoliodon*）上下颌齿倾斜，边缘光滑，基底无小齿头；真鲨属（*Carcharhinus*）上下颌齿或上颌齿边缘具细锯齿，其基底小齿头或有或无。斜齿鲨属常见的有尖头斜齿鲨（*S. sorrakowah*）（图2－60）和瓦氏斜齿鲨（*S. walbeehmi*）。

真鲨属为鲨类中最大的一属，全世界有 32 种，我国有 14 种，常见的有黑印真鲨（*C. menisorrah*）（图 2－61），第一背鳍起点与胸鳍里角相对，第二背鳍前半部上方黑色，成体一般长 1 m 左右，大者达 4 m，我国各海皆产。

图 2－60　尖头斜齿鲨

图 2－61　黑印真鲨

双髻鲨科头部呈“T”字形，眼位于头侧端。瞬膜发达。鼻孔端位。只有双髻鲨属（*Sphyrna*），我国产 5 种，以锤头双髻鲨（*S. zygaena*）和路氏双髻鲨（*S. lewini*）（图 2－62）为常见。前者吻端位中央圆凸；后者吻短而宽，吻端中间凸入。一般体长 1 m，大者可达 4 m，为凶猛鱼类，主食鱼类和头足类等，有时也袭击人类，各海皆产。

（6）角鲨目（Squaliformes）。

鳃孔 5 个，背鳍 2 个，臀鳍消失，位于胸鳍基底前方；无瞬膜；有喷水孔。主要分布在温带海区，有的在深海。我国产 3 科 7 属 9 种，主要为角鲨科，有 5 属 7 种，常见的有 2 属。

乌鲨属（*Etmopterus*）背鳍硬棘有侧沟，尾鳍下叶后部具一缺刻，我国只产乌鲨（*E. Lucifer*）1 种，角鲨属（*Squalus*）背鳍硬棘无侧沟，尾鳍下叶后部无缺刻，产于我国的有 3 种，沿海常见的为短吻角鲨（*S. buevirostris*）（图 2－63），吻短而圆钝，鼻孔显著接近吻端，背部棕褐色，无斑。

图 2－62　路氏双髻鲨

图 2－63　短吻角鲨

（7）扁鲨目（Squatiniformes）。

扁鲨目是鲨形总目中唯一体形扁平的类群。吻短宽，口亚前位，眼上位，鼻孔前位。鳃孔宽大，其下半部转入腹面。胸鳍扩大，向头侧延伸，但前缘游离。本目仅有扁鲨科（Squatinidae）、扁鲨属（*Squatina*）。我国有 2 种，常见的为日本扁鲨（*S. japonica*）（图 2－64），喷水孔间隔大于眼间隔，胸鳍前后方及背鳍基底无暗色斑块，产于黄海和东海。

（8）锯鲨目（Pristiophoriformes）。

头扁平，吻呈剑状突出，两侧缘具锯齿。腹面在鼻孔前方有 1 对皮须。眼上位，具瞬膜。喷水孔大。背鳍 2 个，无棘；无臀鳍。本目只有锯鲨科（Pristiophoridae），我国只产日本锯鲨（*Pristiophorus japonicus*）（图 2－65），沿海都有分布，底栖，食甲壳类和蠕虫，数量不多。

图 2－64　日本扁鲨

图 2－65　日本锯鲨

2. 鳐形总目

代表动物有以下 4 种：

（1）锯鳐目（Pristiformes）。

吻扁平而狭长，呈剑状突起，边缘具尖利的吻齿。腹面鼻孔前方有 1 对皮须。背鳍 2 个，无棘。尾柄粗大，尾鳍发达。本目只有锯鳐科（Pristidae），锯鳐属（*Pristis*），我国产 2 种，分布于热带和亚热带沿岸海区。常见的为南海和东海产的尖齿锯鳐（*P. cuspidatus*）（图 2－66），鱼体最长可达 9 m，常用剑状的吻锯击毙或刺伤追食对象。

图 2－66　尖齿锯鳐

（2）鳐形目（Rajiformes）。

体扁平，吻尖形或圆形，侧缘无吻齿。尾部粗大，具发达的尾鳍；或稍粗大，尾鳍不发达或缺少。

犁头鳐科有 2 属，颗粒犁头鳐属（*Scobatus*）和犁头鳐属（*Rhinobatos*），区别在于前者头上和背部正中具1行粗大结刺，后者无；前者前鼻瓣不转入鼻间隔区域，后者转入。颗粒犁头鳐属的常见种为颗粒犁头鳐（*S. granulatus*）（图2－67），分布在南海和东海。犁头鳐属的有斑纹犁头鳐（*R. hynnicephalus*）和许氏犁头鳐（*R. schlegeli*）（图2－68），为中小型温水性底栖鱼类，个体多在1～15 kg，有较高经济价值，产于东海和南海。

图2－67　颗粒犁头鳐

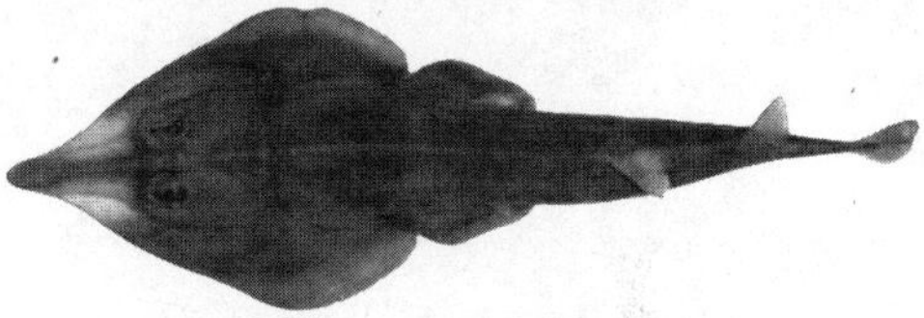

图2－68　许氏犁头鳐

团扇鳐科中我国只有团扇鳐属（*Platyrhina*）2种：中国团扇鳐（*P. sinensis*）（图2－69），背面和尾部正中具有1行结刺，沿海均有分布；林氏团扇鳐（*P. limboonkengi*），背面和尾部正中具2～3行结刺，广东沿海地区常见。

图2－69　中国团扇鳐

鳐亚目我国有2科，鳐科（Rajidae）和无鳍鳐科（Anacanthobatidae），前者具2个背鳍，后者无。鳐科有2属，短鳐属（*Breviraja*）和鳐属（*Raja*），其中鳐属是软骨鱼类最大的一属，约100种，我国有7种，常见的有斑鳐（*R. kenojei*）（图2－70），体具暗褐色小斑点，肩侧有一显著椭圆形斑块，沿海分布，南方常见；孔鳐（*R. porosa*）（图2－71）体无暗褐色斑块，尾具纵行结刺，背面褐色，有时肩区和胸鳍后角上方各具1对斑块，为经济鱼类之一。

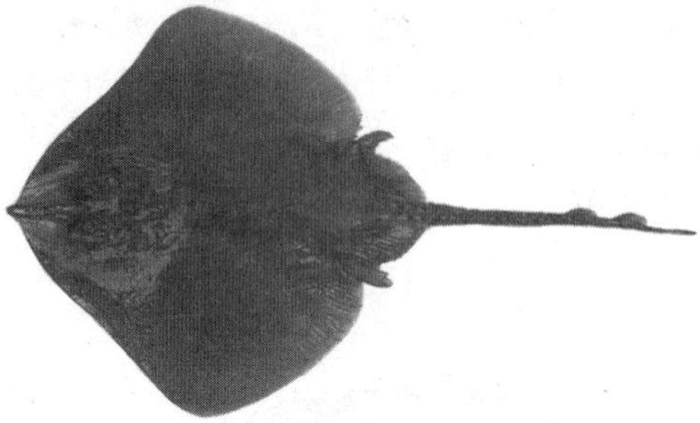

图2－70　斑鳐

图2－71　孔鳐

(3) 鲼形目 (Myliobatiformes)。

体扁平，盘状或菱形。胸鳍前延伸达吻端，或前部分化为吻鳍或头鳍；腹鳍前部不分化为足趾状构造；背鳍无或仅有1个，尾部细长如鞭。我国有8科，产31种。其中，赤魟 (*D. akajei*) 是唯一能在江河生活的软骨鱼类；中国魟 (*D. sinensis*) (图2－72) 与赤魟相似，但背面具细小结刺，尾长为体长的1.2～1.5倍，产于黄海和东海。燕魟科有2属，常见的有日本燕魟 (*G. japonica*) (图2－73)。

图2－72　中国魟

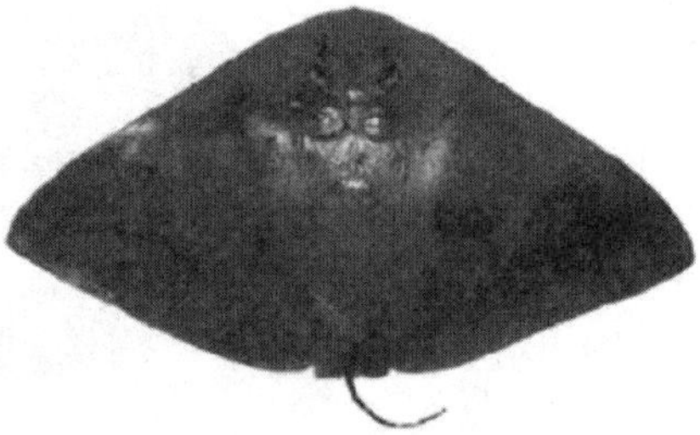

图2－73　日本燕魟

鲼科有2属5种。鲼属 (*Myliobatis*) 吻鳍与胸鳍在头侧相连或分离，具尾刺，只鸢鲼 (*M. tobijei*) (图2－74) 沿海皆产。无刺鲼属 (*Aetomylaeus*)，吻鳍与胸鳍在头侧分离，无尾刺，有4种，分布在南海和东海，常见有聂氏无刺鲼 (*A. nichofi*) (图2－75)，背鳍起点对着腹鳍基底终点，体背光滑，具蓝色横纹5～6条。

图2-74 鸢鲼

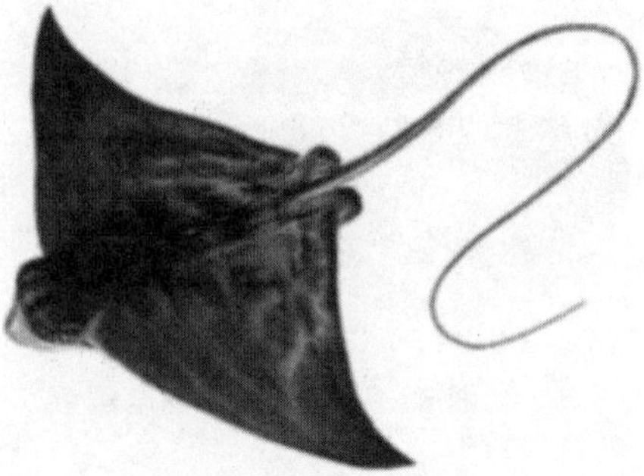

图2-75 聂氏无刺鲼

蝠鲼科，我国产2属3种，蝠鲼属（*Mobula*）和前口蝠鲼属（*Manta*）。常见有日本蝠鲼（*M. japonica*）、无刺蝠鲼（*M. diabolus*）和双吻前口蝠鲼（*M. birostris*）（图2-76）。其中双吻前口蝠鲼头鳍能摇动旋转，可纳食入口，眼大侧位，并向腹面倾斜。体庞大，为暖水性中上层大型鱼类，大者重达3 000 kg，体盘宽达6 m。

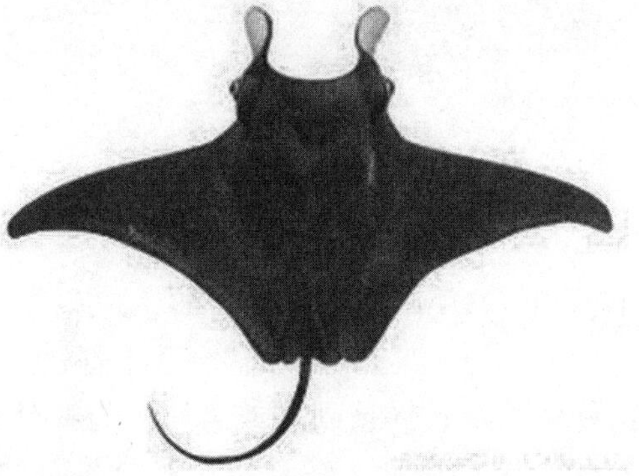

图2-76 双吻前口蝠鲼

（4）电鳐目（Torpediniformes）。

体盘圆形或卵圆形，头侧与胸鳍间每侧有一大的发电器官，我国有2科5属7种。电鳐科有3属，常见为双鳍电鳐属（*Narcine*），体盘宽，且比长大，第一背鳍起点与腹鳍基底后端相对，体具黑色大斑及小点。有3种，黑斑双鳍电鳐（*N. maculata*）（图2-77）、丁氏双鳍电鳐（*N. timlei*）（图2-78）和舌形双鳍电鳐（*N. lingula*）。均分布于南海和东海。

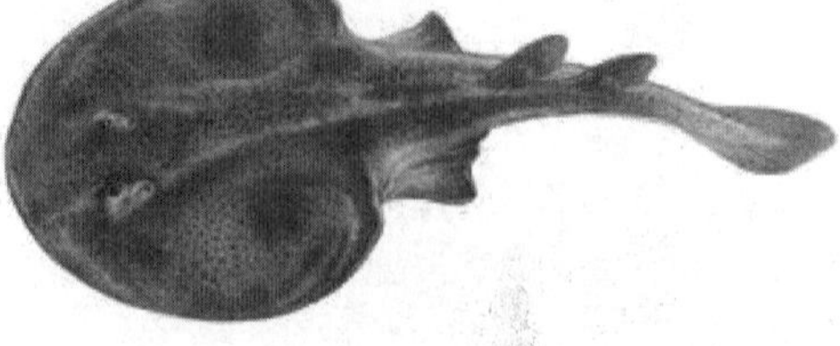

图 2-77 黑斑双鳍电鳐

图 2-78 丁氏双鳍电鳐

（二）全头亚纲（Holocephali）

该亚纲在我国有 2 科 3 属 3 种，2 科即银鲛科与长吻银鲛科，其中银鲛科有 2 属，银鲛属（*Chimaera*）和兔银鲛属（*Hydrolagus*），前者臀鳍与尾鳍下叶有一缺刻，代表者为黑线银鲛（*C. phantasma*）（图 2-79），沿海皆产。后者臀鳍消失或与尾鳍下叶相连，如曾氏兔银鲛（*H. tsengi*），产于黄海和东海。

图 2-79 黑线银鲛

二、硬骨鱼纲（Osteichthyes）

硬骨鱼纲大多由硬骨组成；体被硬鳞或骨鳞，有些体被骨板或裸露无鳞；鳃间隔退化，鳃腔外有骨质鳃盖骨。硬骨鱼类是脊椎动物中种类最多的一个类群，约 2 万种。它们广泛分布在地球各水域，形体千变万化，以适应各自的生活环境。本纲不仅种类多，而且经济价值高，占世界渔业产量的 90% 以上。本纲分为 2 个亚纲，即肉鳍亚纲和辐鳍亚纲。

（一）肉鳍亚纲（Sarcopterygii）

总鳍总目是一类出现于泥盆纪的古鱼，也是当时数量最大的硬骨鱼类。现总鳍鱼类唯一残留种为矛尾鱼（*Latimeria chalumnae*）（图 2-80），隶属于腔棘鱼目（Coelacanthiformes）矛尾鱼科（Latimeriidae），生活于水深 50～550 m 的海洋中，发现于非洲东南沿海以及科摩罗群岛附近海域。肺鱼总目是与古总鳍鱼类亲缘关系较近的同时代鱼类，为淡水鱼类。

图2－80 矛尾鱼

（二）辐鳍亚纲（Actinopterygii）

本亚纲是现代鱼类最繁盛的一大类群，分为9总目36目，我国产9总目28目，现择其中一部分介绍如下。

1. 硬鳞总目（Ganoidomorpha）

硬鳞总目乃古老类群的残余，保留一系列原始性状。可分为4个目，即鲟形目、多鳍鱼目、弓鳍鱼目和雀鳝目。我国只产鲟形目中的2科：鲟科（Acipenseridae）和匙吻鲟科（Polyodontidae），鲟科全为淡水鱼类，仅匙吻鲟科的白鲟（*Psephurus gladius*）（图2－81）属海产。

白鲟是世界上现存匙吻鲟科中仅有的两个种之一。分布于黄海、东海，偶尔也能进入钱塘江，栖息于河流的中下层，性凶猛，以鱼、虾、蟹等为食。个体大，一般可达50～100 kg。繁殖力很弱，渔业价值并不高。为我国特有的大型珍稀鱼类，属国家一级保护动物。

图2－81 白鲟

2. 鲱形总目（Clupeiformes）

主要择以下5目具体介绍：

（1）海鲢目（Elopiformes）。

海鲢目是硬骨鱼类中的低等类群，有些还保留动脉圆锥和喉板等原始特征。稚鱼为“柳叶体”型，在个体发育中有变态。我国产3种，主要分布于南海和东海。常见种类为北梭鱼（*Albula vulpes*）（图 2－82）和大海鲢（*Megalops cyprinoides*）（图 2－83）。

图 2－82　北梭鱼

图 2－83　大海鲢

（2）鼠鱚目（Gonorhynchiformes）。

该目有 3 亚目［鼠鱚亚目（Gonorynchoidei）、遮目鱼亚目（Chanoidei）和尼罗鱼亚目（Knerioidei）］，4 科 7 属 16 种，14 种为淡水产。我国只产鼠鱚科（Gonorynchidae）和遮目鱼科（Chanidae）各 1 属 1 种。体延长而细，呈圆柱形。近海底栖鱼类，主要栖息于沙泥底质海域，栖息范围由沿岸到 200 m 以上深处，最大体长可达 60 cm。主要以底栖无脊椎动物为食。

遮目鱼科仅 1 属 1 种，即遮目鱼（虱目鱼）（*Chanos chanos*）（图 2－85）。体延长，稍侧扁，呈纺锤形。脂性眼睑发达，几乎将整个眼部遮盖，故名。口端位，小型。

图 2－84　鼠鱚

图 2－85　遮目鱼

（3）鲱形目（Clupeiformes）。

本目是现代真骨鱼中最原始的一目，鳍无棘，背鳍单个，体被圆鳞，无侧线，有 4 科 68 属 330 种。广泛分布于全世界各海域和某些淡水水域，多数为海洋鱼类，仅 26 种生活于淡水。本目分为 4 科，我国产 3 科，即鲱科、鳀科和宝刀鱼科。

鲱科的鱼类有不少体形呈纺锤形，但也有极为侧扁者。体色则背部青蓝，肚腹银白，呈现典型大洋鱼类的特征。一般鲱科鱼类体长均小于 20 cm，分布在全世界各海域及热带、亚热带地区的河川和湖泊中。我国沿海各地均产，是近海中上层鱼类。春末夏初由外海洄游至近海产卵。我国的代表种类为鲥亚科的鲥鱼（*Maccrura reevesi*）（图2－86）、鰶亚科的窝斑鰶（*Konosirus punctatus*）（图2－87）和锯腹鳓亚科的鳓鱼（*Lelongata*）（图2－88）。

图2－86　鲥鱼

图2－87　窝斑鰶

鳀科鱼类的体形偏向拉长的椭圆形或长方形，鳃耙呈细长形；上颌骨后延超过眼的后缘。全球共2亚科16属139种，除分布于南美洲的17种为淡水种外，其余皆为海水种。我国代表动物为鲚属的凤鲚（*Coilia mystus*）和鳀属的鳀鱼（*Engraulis japonicus*）（图2－89）。

图2－88　鳓鱼

图2－89　鳀鱼

（4）鲑形目（Salmoniformes）。

鲑形目体形和特征与鲱形目相似，但背鳍后方常具一脂鳍；有侧线。大多栖居于北极和高纬度水域内。本目分为9亚目25科146属510种，纯淡水种类82种。我国有5亚目18科91种，其中一半是深海鱼，包括在世界渔业中占重要地位的鲑鳟鱼类。我国的代表种类为大麻哈鱼（*Oncorhynchus keta*）（图2－90）和虹鳟（*O. mykiss*）（图2－91）。

图2－90　大麻哈鱼

图2－91　虹鳟

胡瓜鱼亚目分为5科，我国产3科，即香鱼科（Plecoglossidae）、胡瓜鱼科（Osmeridae）和银鱼科（Salangidae），代表物种为香鱼科的香鱼（*Plecoglossus altivelis*）（图2-92），胡瓜鱼科的毛鳞鱼（*Mallotus villosus*）（图2-93），银鱼科的大银鱼（*Protosalanx hyalocranius*）、有明银鱼（*Salanx ariakensis*）和居氏银鱼（*Salanx cuvieri*）。

图2-92 香鱼

图2-93 毛鳞鱼

（5）灯笼鱼目（Myctophiformes）。

灯笼鱼目口大，两颌、腭骨及舌上均有能倒伏的尖齿；具脂鳍；鳍无棘。为海洋鱼类，大多生活在热带深海底层以及浅海中上层，在我国以南海种类居多。我国有11科，以狗母鱼科的长蛇鲻（*Saurida elongata*）（图2-94）和龙头鱼（*Harpadon nehereus*）（图2-95）的经济价值较高。长蛇鲻，又名丁鱼，海洋经济鱼类，广泛分布于太平洋和大西洋，我国沿海均产，也分布于朝鲜和日本。

图2-94 长蛇鲻

图2-95 龙头鱼

3. 鳗鲡总目（Anguillomorpha）

本目体形细长似蛇。鳃孔狭窄。鳍无硬刺或棘；背鳍、臀鳍和尾鳍相连，各鳍均无硬棘。包括2亚目19科147属约600种。我国有1亚目12科47属110多种。大多数种产于东海、南海，仅极少数种类进入淡水河流中。世界各地均有分布。鳗鲡科鱼类是降河性洄游鱼类，它们在江河、溪流或湖泊中成长，甚至在河口域生活，性成熟后，大批沿着河流入海，在海洋中繁殖。我国常见种为星康吉鳗（*Conger myriaster*）（图2-96），分布于我国黄海、渤海、东海及朝鲜、日本，为近海习见的中小型食用鱼类。

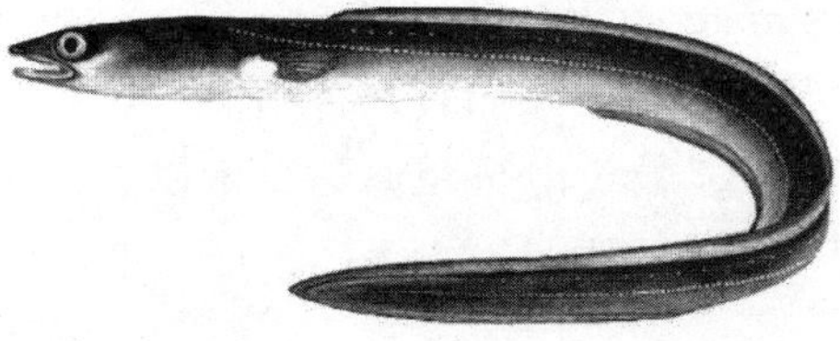

图2-96　星康吉鳗

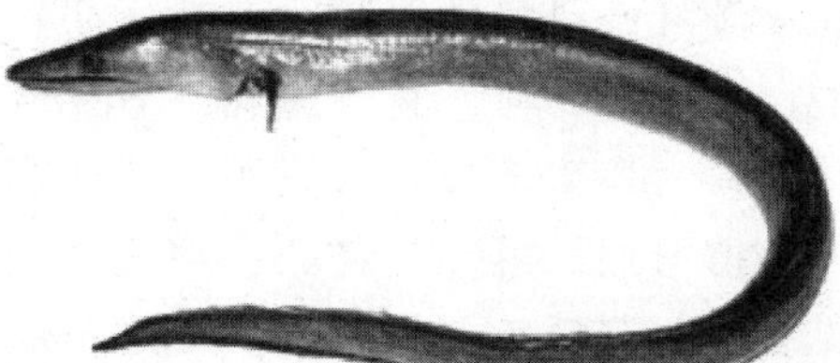

图2-97　海鳗

4. 鲤形总目（Cyprinomorpha）

代表物种有鳗鲇（*Plotosus anguillaris*）（图2-98），属鳗鲇科（Plotosidae），无脂鳍，尾形如鳗，背鳍、臀鳍与尾鳍相连；体侧有2条黄色纵带。分布于东海和南海，为沿海常见的中下层鱼类。海鲇科具有脂鳍，须3对，无鼻须。均为海产鱼类，我国产有1属3种，以中华海鲇（*Arius sinensis*）（图2-99）为常见，腭骨齿粗壮，每侧一群，呈三角形。黄海、东海和南海均有分布，为经济鱼类。

图2-98　鳗鲇

图2-99　中华海鲇

5. 银汉鱼总目（Atherinomorpha）

主要介绍以下 3 目：

（1）鳉形目（Cyprinodontiformes）。

此目主要为亚洲、非洲及美洲热带的淡水鱼类。

（2）银汉鱼目（Atheriniformes）。

体形较小，圆筒形，或侧扁；侧线无，或很不发达。本目共 5 科 48 属 235 种，为近海内湾中上层小型鱼类，常集群，以浮游生物为食，有趋光性。因产量少，故经济价值不大。

（3）颌针鱼目（Beloniformes）。

颌针鱼目的鳍无棘，背鳍一个；侧线低位，与腹缘平行。大多是海洋鱼类，我国有 5 科，其中鱵科（Hemirhamphidae）、飞鱼科（Exocoetidae）和颌针鱼科（Belonidae）较常见。飞鱼科胸鳍高位，长大如翼，喜集群，具趋光性，擅滑翔，可伸展胸鳍在海面停留十余秒，最长滑行距离达百米以上，常见有尖头燕鳐鱼（*Cypselurus oxycephalus*）（图 2－100）。

6. 鲑鲈总目（Parapercomorpha）

鲑鲈总目腹鳍亚胸位、胸位或喉位；体被圆鳞或栉鳞；奇鳍有棘或无；有些种类具脂鳍；尾鳍骨骼具一正中轴尾下骨片。分 2 个目，即鲑鲈目和鳕形目。我国仅产鳕形目，包括鳞鳗鳕亚目、鳕亚目、长尾鳕亚目和蛇鳚亚目 4 亚目 11 科 162 属 708 种。除犀鳕科为热带上层海鱼，潜鱼亚科及双趾鼬鳚等为热带浅海底层鱼类外，大多为冷水性或深海底层鱼类。我国大头鳕（*Gadus macrocephalus*）（图 2－101）产量较大。

图 2－100　尖头燕鳐鱼

图 2－101　大头鳕

7. 鲈形总目（Percomorpha）

主要介绍以下 7 目：

（1）刺鱼目（Gasterosteiformes）。

腹鳍腹位或亚胸位或全无。背鳍 1 个或 2 个，某些种类的第一背鳍为游离的棘。无眶蝶骨。吻通常呈管状。许多种类体被骨板。分为 3 亚目：刺鱼亚目（Gasterosteoidei）、管口鱼亚目（Aulostomoidei）和海龙亚目（Syngnathoidei）。其中海龙亚目在我国产 2 科，海龙科（Syngnathidae）具有经济价值。我国海龙科有 12 属 23 种，常见 2 属，本科的海龙和海马均为有经济价值的药用鱼类。

图 2－102　尖海龙

（2）鲻形目（Mufiliformes）。

腹鳍腹位或亚胸位。背鳍 2 个，短而远离，第一背鳍由鳍棘组成，第二背鳍由 1 鳍棘及若干鳍条组成。鱼体和头部被圆鳞或栉鳞。鳃盖骨后缘一般无棘。分为 3 亚目，即魣亚目（Sphyraenoidei）、鲻亚目（Mugiloidei）和马鲅亚目（Polynemoidei），大部分生活在海水中，其中鲻亚目的一些鱼类可进入淡水生活。其中常见的海洋动物为鲻亚目的鲻鱼（*Mugil cephalus*）（图 2－103）和鲮（*Liza haematocheila*）（图 2－104）。

图 2－103　鲻鱼

图 2－104　鲮

（3）合鳃目（Synbranchiformes）。

本目分 2 亚目，我国仅有合鳃亚目，常见为黄鳝（*Monopterus albus*），淡水鱼类。

（4）鲈形目（Perciformes）。

鲈形目的鳞片多为栉鳞，鳍有棘，鳔无鳔管。背鳍一般为 2 个，互相连接或分离，第一背鳍为鳍棘（有时埋于皮下或退化），第二背鳍为鳍条；尾鳍分支鳍条不超过 17 条。腰骨通常直接连于匙骨上；头骨无眶蝶骨，有中筛骨，后颞颥骨常分叉；肩带无中喙骨；无韦氏器；一般有上下肋骨。

鲈形目为硬骨鱼纲中最大的一目，广泛分布于海洋和淡水水域中，海洋的许多种类属于这一目，包括重要的海产经济鱼种，如石首鱼类和金枪鱼类，以及鲭科和鮨科鱼类。本目有 150 科 1 500 属 9 300 种，我国产的鲈形目鱼类共分 91 科 1 031 种。其中南海种类最多，具体如下：

①鲈亚目（Percoidei）。

鲈亚目分为 68 科，我国现知有 60 科，常见的有 6 科，即鮨科（Serranidae）、鲈科（Percoidae）、鲹科（Carangidae）、石首鱼科（Sciaenidae）、鲷科（Sparidae）和丽鲷科（Cichlidae）：

鮨科代表鱼类——花鲈（*Lateolabrax maculatus*）（图 2－105），属常鲈亚科花鲈属。体长，侧扁，背腹面皆钝圆；头中等大，略尖。为广盐性中下层鱼类。分布于我国、朝鲜及日本的近岸浅海。

石斑鱼属（*Epinephelus*），属石斑鱼亚科（Epinephelinae）。肉食性凶猛鱼类，以突袭方式捕食底栖甲壳类、各种小型鱼类和头足类。多栖息于热带及温带海洋，喜栖息在沿岸岛屿附近的岩礁、沙砾、珊瑚礁底质的海区，一般不成群。经济价值高，是上等食用鱼类，较常见的有 3 种，宝石石斑鱼（*E. areolatus*）、青石斑鱼（*E. awoara*）和赤点石斑鱼（*E. akaara*）。

图 2－105　花鲈

图 2－106　石斑鱼

鲹科代表鱼类——蓝圆鲹（*Decapterus maruadsi*），体呈纺锤形，口大。鱼体背部为蓝绿色，腹部银白，第二背鳍具黑缘。侧线直走部始于第二背鳍的 12～13 软条下方，全为棱鳞。本属特征为第二背鳍后方的尾柄两侧各具一个离鳍，且脂眼睑发达。尾鳍深叉，黄绿色。肉食性，以浮游动物为主，我国各海区均有分布，为东海、南海重要经济鱼类。

石首鱼科代表鱼类——大黄鱼（*Larimichthys crocea*）（图 2－107），属黄鱼属。体延长，侧扁，体长 40～50 cm。金黄色。尾柄细长。平时栖息于较深海区，4—6 月向近海洄游产卵，产卵后分散在沿岸索饵，以鱼虾等为食。秋冬季又向深海区迁移。分布于南海、东海和黄海南部。小黄鱼（*L. polyactis*）（图 2－108），体形似大黄鱼，但头较长，眼较小。体长约 20 cm，体长最长可达 40 cm。体背灰褐色，腹部金黄色。我国产于东海、黄海、渤海，朝鲜半岛西海岸也有分布。

图 2－107 大黄鱼

图 2－108 小黄鱼

鲷科代表鱼类——真鲷（*Pagrosomus major*）（图 2－109），属真鲷属。体侧扁，呈长椭圆形，一般体长 15～30 cm，体重 300～1 000 g，自头部至背鳍前隆起。为近海暖温性小型珊瑚礁鱼类。分布于印度洋和太平洋西部，我国近海均产之，但近年产量不多。

丽鲷科为生活于热带水域的淡水鱼类，主要产于非洲和南美洲。我国引入罗非鱼属（*Oreochromis*）多种。

②带鱼亚目（Trichiuroidei）。

本亚目分 3 科，我国产 2 科，常见仅为带鱼科（Trichiuridae），体延长如带状，身侧扁。腹鳍消失或仅留残迹。尾鳍很小或无。背鳍和臀鳍后方无小鳍。背鳍基底很长。臀鳍常由分离短棘组成，有时消失。我国产 4 个属，以带鱼属（*Trichiurus*）的带鱼（*Trichiurus lepturus*）（图 2－110）常见。带鱼的体形侧扁如带，呈银灰色，全长 1 m 左右。性凶猛，主要以毛虾、乌贼为食。主要分布于西太平洋和印度洋，在我国的黄海、东海、渤海一直到南海都有分布，和大黄鱼、小黄鱼及乌贼为我国的四大海产。

图 2－109 真鲷

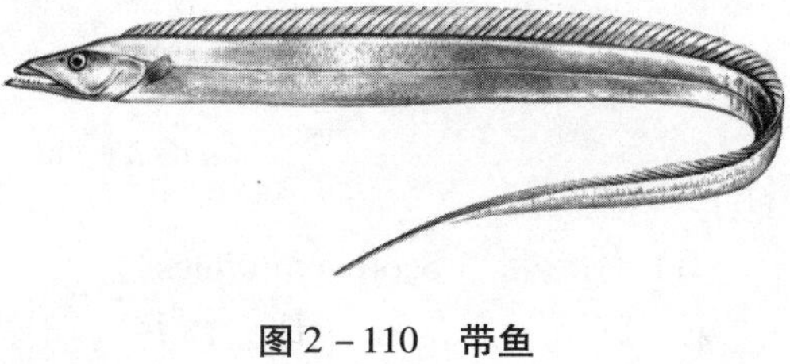

图 2－110 带鱼

③鲭亚目（Scombroidei）。

本亚目均为海洋鱼类，经济价值高，是我国乃至世界渔业重要捕捞对象之一。我国产 4 科，常见鱼类——鲐鱼（*Pneumatophorus japonicus*）（图 2－111），属鲭科鲐属。体粗壮，呈纺锤形，尾柄结实。体背呈青蓝色，有不规则深蓝色横纹或斑纹。为海洋洄游性上层鱼类，游泳力强，速度快。

蓝点马鲛（*Scomberomorus niphonius*）（图 2－112），属鲅科马鲛属。体长而侧扁，体色银亮，背具暗色条纹或黑蓝斑点，口大，吻尖突，牙齿锋利，游泳迅速，性情凶猛，一般体长 260～520 mm。分布于北太平洋西部，我国东海、黄海、渤海均产之，主要渔场有舟山、连云港外海及山东南部沿海。

图 2－111　鲐鱼

图 2－112　蓝点马鲛

④鲳亚目（Stromateodei）。

本亚目分 6 科，我国产 4 科，其中代表动物为银鲳（*Pampus argenieus*）（图 2－113），属鲳科鲳属。体形侧扁，呈卵圆形，银灰色，头小，吻圆，头胸相连明显，口、眼都很小。分布于印度洋和西太平洋，我国沿海均产，东海与南海较多，主要渔场有黄海南部的吕泗渔场。

图 2－113　银鲳

（5）鲉形目（Scorpaeniformes）。

第二眶下骨后延成一骨突，并与前鳃盖骨连接。颌齿一般均细小，犁骨及腭骨均具齿。头部粗壮，常具棘棱或骨板。本目鱼类广泛分布于沿海水域，少数生活于深海，还有一部分生活于温带和高纬度地区淡水水域。分为 7 亚目 21 科，我国产 7 亚目 14 科，多为海水鱼类，仅杜父鱼亚目部分种类生活于淡水中。

常见海洋种类为鲉科（Scorpaenidae）的许氏平鲉（*Sebastes schlegelii*）

(图2－114)、鲂鮄科的短鳍红娘鱼（*Lepidotrigla micropterus*）（图2－115)、绿鳍鱼（*Chelidonichthys kumu*）以及鲬科（Platycephalidae）的鲬（*Platycephalus indicus*)，被誉为我国的四大淡水名鱼，但是最常见的是淡水种类——松江鲈鱼（*Trachidermus fasciatus*)。

图2－114　许氏平鲉

图2－115　短鳍红娘鱼

（6）鲽形目（Pleuronectiformes)。

体形侧扁，成鱼的眼、鼻、口、齿和偶鳍等均不对称，两侧的体色也各不相同，无眼侧通常颜色浅淡。背鳍及臀鳍的基底长，腹鳍胸位或喉位。肛门位置前移至胸鳍的后下方，且不在腹面正中。无鳔。崽鱼阶段身体左右对称，其后逐渐变态，营底栖生活，平卧于水底，发育成不对称型。本目几乎都是海洋鱼类，仅少数索饵时进入江河中。本目即通常所说的比目鱼类，是重要的经济鱼类，产量较高，我国以黄海产量较多。

鲽科（Pleuronectidae）的高眼鲽（*Cleisthenes herzensteini*）（图2－117)，两眼均位于头部右侧（偶有反常个体)；口较大，上颌齿1行；上眼位于头的背缘。我国沿海均有分布，以黄海和渤海产量较多。此外，木叶鲽（*Pleuronichthys cornutus*）（图2－118）和黄盖鲽（*Pseudopleuronectes yokohamae*）（图2－119）也广泛分布于我国沿海。

图2－116　褐牙鲆

图2－117　高眼鲽

图 2-118　木叶鲽

图 2-119　黄盖鲽

鳎亚目分为 2 个科，鳎科（Soleidae）两眼位于头的右侧；舌鳎科（Cynoglossidae）两眼位于头的左侧。常见的是舌鳎科的舌鳎属鱼类，其中半滑舌鳎（*Cynoglossus semilaevis*）（图 2-120）体左侧有 3 条侧线。我国沿海均有分布，尤以河口区为多，为上等食用鱼类。

图 2-120　半滑舌鳎

（7）鲀形目（Tetraodontiformes）。

体通常短而粗壮，裸露或被以刺或骨板。口小，齿为锥状齿或门齿或愈合为板齿。大多为海洋鱼类，只有少数种类定居在淡水中或在一定季节进入江河。以热带及亚热带的海洋中存在较多，少数分布在温带和寒温带。分为 4 个亚目，即鳞鲀亚目（Balistoidei）、箱鲀亚目（Ostracioidei）、鲀亚目（Tetraodontoidei）和翻车鲀亚目（Moloidei）。

其中以革鲀科（Aluteridae）的绿鳍马面鲀（*Thamnaconus modestus*）（图 2-121）和虫纹东方鲀（*Takifugu vermicularis*）（图 2-120）为常见。我国南北各海区都有分布，为重要的经济鱼类。

图 2-121　绿鳍马面鲀

图 2-122　虫纹东方鲀

8. 蟾鱼总目（Batrachoidomorpha）

主要介绍以下2目：

（1）海蛾鱼目（Pegasiformes）。

海蛾鱼目为暖水性近海小型鱼类，仅1科1属5种。因其外形似蛾而得名。广布于西太平洋及印度洋热带、亚热带水域。我国有1属3种，从南海到台湾海峡皆有产。常见种有海蛾鱼（*Pegasus volitans*）（图2－123），一般栖息于海滨浅水底层，个别种类生活于水深200 m以上的海底。胸鳍突化，常以翼状胸鳍的指状鳍条在水底匍匐爬行，活动能力较弱。体长一般为50～90 mm。

图2－123 海蛾鱼

（2）鮟鱇目（Lophiiformes）。

鮟鱇目包括3亚目［鮟鱇亚目（Lophioidei）、躄鱼亚目（Antennarioidei）和角鮟鱇亚目（Ceratioidei）］16科64属265种。分布于三大洋热带及温带海区。我国常见的为鮟鱇科的黄鮟鱇（*Lophius litulon*）和黑鮟鱇（*Lophiomous setigerus*）（前者分布于黄海和渤海，后者分布于南海和东海）以及躄鱼科的裸躄鱼（*Histrio histrio*）（图2－125），沿海均有分布。

图2－124 鮟鱇

图2－125 裸躄鱼

第四节　爬行纲（海龟、海蛇类）

爬行纲是体被角质鳞或硬甲，在陆地繁殖的变温羊膜动物。现存的爬行动物共5目，有6 550多种，我国有380多种，除喙头目外，其余4类国内均有分布。从水环境（淡水和海洋）到陆地环境均有分布。

现存的爬行动物为喙头目、龟鳖目、蚓蜥目、有鳞目和鳄目。其中，海洋动物有海龟科（属龟鳖目曲颈龟亚目海龟总科）、棱皮龟科（Dermochelyidae）（曲颈龟亚目）和海蛇亚科（Hydrophidae）（该亚科属于有鳞目蛇亚目新蛇下目眼镜蛇科下的一个亚科）。

1. 海龟科（Cheloniidae）

海龟科是生活于海洋中的具角质盾片的大型龟类。现存有5属6种（蠵龟属、海龟属、玳瑁属，丽龟属、平背龟属），我国产4种：蠵龟（红海龟）（*Caretta caretta*）、绿海龟（*Chelonia mydas*）、玳瑁（*Eretmochelys imbricata*）、太平洋丽龟（*Lepidochelys olivacea*）。

绿海龟（图2－126），又称海龟，海龟科体形较大的一种，成龟背甲长度可达90～120 mm，体重可达300 kg以上。玳瑁（图2－127），体形较小，体长60～170 cm，体重为45 kg左右；具鹦鹉般的尖钩嘴，尾巴短小，一般不露出甲外。我国北起山东，南迄广西沿海，均有分布。

图2－126　绿海龟

2－127　玳瑁

2. 棱皮龟科（Dermochelyidae）。

棱皮龟科现仅存1种，棱皮龟（*Dermochelys coriacea*）（图2－128）属棱皮龟属。棱皮龟体大，是世界上龟鳖类中体形最大的一种。壳长1 040～1 500 mm，宽560～900 mm，高290～495 mm。均重达100 kg以上。头大，头宽133～220 mm，颈短。头、四肢及身体均覆以革质皮肤，无角质盾片。体背具7行纵棱，腹部有5行纵棱，因而得名。四肢桨状，无爪。前肢为后肢长的2倍多，游泳迅速且能力极强。尾短，尾与后肢间有皮膜相连。

棱皮龟是一种生活在远洋的动物，主要栖息于热带海域的中上层，偶尔也见于近海和港湾地带。我国分布于东海和南海海域。杂食性，每年5—6月产卵，一次产卵90~150枚。

图2-128　棱皮龟

3. 海蛇亚科（Hydrophidae）

本亚科与眼镜蛇亚科相似，都是具有前沟牙的毒蛇，终生生活于海洋中。尾侧扁如桨，躯干后部亦略侧扁。海蛇的鳞片较陆蛇稀疏，体表有不少地方未被鳞片覆盖。海蛇喜欢在大陆架和海岛周围的浅水中栖息，在水深超过100 m的开阔海域中很少见。海蛇对食物是有选择的，很多海蛇的摄食习性与它们的体形有关。

本亚科有13属38种。世界上大多数海蛇都聚集在大洋洲北部至南亚各半岛之间的水域内，但不分布于大西洋。我国沿海有23种海蛇，在辽宁、江苏、浙江、福建、广东、广西和台湾近海有分布，其中广西、福建沿海海蛇资源丰富，以北部湾最多，分布最广是长吻海蛇（*Pelamis platurus*）（图2-129）。

长吻海蛇因蛇体背黑，腹黄，截然分界，故又称黄腹海蛇。体长50~70 cm，最长可达1 m。头狭长，吻长，吻端到眼的长度大于两眼间宽度。鼻孔开口于吻背，有瓣膜司开闭。长吻海蛇是世界上分布范围最广的海蛇，同时亦是唯一能毕生存活于海洋（甚至深海）中，并于海中进行繁殖的蛇类。

图 2－129　长吻海蛇

第五节　滨海湿地鸟类

一、滨海湿地鸟类特征

滨海湿地是陆地生态系统和海洋生态系统的交错过渡地带。按国际湿地公约的定义，滨海湿地的下限为海平面以下 6 m 处，上限为大潮线之上与内河流域相连的淡水或半咸水湖沼以及海水上溯未能抵达的入海河的河段。与此相当的用语有海滨湿地、海岸带湿地或沿海湿地等。地形上包括河口、浅海、海滩、盐滩、潮滩、潮沟、泥炭沼泽、沙坝、沙洲、潟湖、红树林、珊瑚礁、海草床、海湾、海堤、海岛等。

滨海湿地包括滩涂湿地、浅海湿地、岛屿湿地等。①滩涂湿地包括低潮线以上到高潮线之间、向陆地延伸可达 10 km 的海岸带湿地，包括潮上带湿地和潮间带湿地。潮上带湿地一般常年积水或季节性积水，水源补给来源主要是大气降水、河水和地下水，是滨海湿地需水的主要关注对象。潮间带在各地宽窄不同，一般宽 3 ~4 km。②浅海湿地主要指浅海湾及海峡低潮时水深在 6 m 以内的水域。浅海湿地海水温度适中、盐度较高、营养物丰富，适于鱼、虾、贝、藻生长繁殖。③岛屿湿地林木多、滩涂广阔，是鸟类的迁徙栖息地。

滨海湿地鸟类主要为涉禽如鹳形目、鹈形目、鸻形目等。这些鸟类的特点是嘴长、脚长，部分鸟类颈也长，以适应多水环境。有些种类嘴形变化大，在形态构造上具有与生活习性相适应的特征，如鸻鹬类。有些种类嘴形直、翅尖长、善飞翔，如鸥类。

二、常见滨海湿地鸟类

（一）鹈形目（Pelecaniformes）

鸬鹚科（Phalacrocoracidae）

主要有普通鸬鹚（*Phalacrocorax carbo*）（图2-130）。

鉴别特征：体羽以黑色为主，脸颊和喉部白色，头颈具紫绿色光泽，两肩和翅具青铜色光彩，嘴角和喉囊呈黄绿色，眼后下方白色，繁殖期头部满布白色丝状羽，下胁具白斑。

习性：喜结群活动于水边岩石上、水中或水边的树枝上，呈垂直站立姿势。主要通过潜水捕食。

（二）鹳形目（Ciconiiformes）

鹭科（Ardeidae）

（1）苍鹭（*Ardea cinerea*）（图2-131）。

鉴别特征：大型水边鹭类，头、颈、脚和嘴均长。上体自背至尾上覆羽苍灰色；尾羽暗灰色；两肩有长尖而下垂的苍灰色羽毛，羽端分散，呈白色或近白色。

习性：单独或成小群活动，迁徙期间和冬季集成大群，有时与白鹭混群。飞行时两翼鼓动缓慢，颈缩成"Z"字形，两脚向后伸直。主要以小型鱼类、泥鳅、虾、蜥蜴、蛙和昆虫等动物性食物为食。常单独站于水边浅水处觅食，或长时间地在水边站立达数小时之久而不动。晚上多成群栖息于高大的树上。

图2-130　普通鸬鹚

图2-131　苍鹭

（2）大白鹭（*Egretta alba*）（图2－132）。

鉴别特征：体大羽长，夏羽的成鸟全身乳白色；嘴黑色，嘴裂达眼后；无羽冠，也无胸饰羽。颈部有明显的喉结，呈“S”形。非繁殖期嘴黄色。

习性：常栖息于海滨、水田、湖泊、红树林等湿地，常与其他鹭类混在一起。通常只在白天活动，步行时颈收缩成“S”形；飞行时颈亦如此，脚向后伸直，超过尾部。

（3）白鹭（*Egretta garzetta*）（图2－133）。

鉴别特征：通体羽毛白色，繁殖期间枕部垂有两根细长的羽毛（饰羽），后背和上胸部分披蓬松蓑羽，期后消失。嘴尖细长、黑色；黑腿，黄脚掌。

习性：常栖息于稻田、沼泽、池塘等浅水区域，以及海岸浅滩的红树林里。常曲缩一脚于腹下，仅以一脚独立。白天觅食，好食小鱼、虾及昆虫等。繁殖期间常与其他鹭类混居。

图2－132 大白鹭

图2－133 白鹭

（4）池鹭（*Ardeola bacchus*）（图2－134）。

鉴别特征：翼白色、身体具褐色纵纹。繁殖期头及颈深栗色，胸黑紫色，背蓝黑色，具细的丝状羽。非繁殖期嘴黄色，站立时具褐色纵纹，飞行时体白而背部深褐色。

习性：常栖息于稻田、池塘、沼泽等地，喜单或结小群在水田或沼泽地中觅食，以鱼类、蛙、昆虫为主。繁殖期营巢于树上或竹林间，巢呈浅圆盘状。

（三）鸻形目（Charadriiformes）

1. 反嘴鹬科（Recurvirostridae）

主要有黑翅长脚鹬（*Himantopus himantopus*）（图2－135）。

鉴别特征：体长约 37cm。特征为细长的嘴黑色，两翼黑，长长的腿红色，体羽白。颈背具黑色斑块。

习性：常单独、成对或成小群在浅水中或沼泽地上活动。主要以软体动物、虾、甲壳动物、环节动物、昆虫及其幼虫，以及小鱼和蝌蚪等动物性食物为食。

图 2－134 池鹭

图 2－135 黑翅长脚鹬

2. 鸻科（Charadriidae）

（1）金眶鸻（*Charadrius dubius*）（图 2－136）。

鉴别特征：体长约 16 cm。上体沙褐色，下体白色。有明显的白色领圈，其下有明显的黑色领圈，眼后白斑向后延伸至头顶相连。

习性：单个或成对活动，活动时行走速度甚快，常急速小跑一段后停住继续觅食。常栖息于湖泊沿岸、河滩或水稻田边。以昆虫为主食，兼食植物种子、蠕虫等。

（2）环颈鸻（*Charadrius alexandrinus*）（图 2－137）。

鉴别特征：体小，显胖，头大，体长约 16 cm。繁殖期额前和眉纹白色；头顶前部具黑色斑。头顶后部、枕部至后颈沙棕色或灰褐色。后颈具一条白色领圈。上体余部灰褐色，腰两侧白色。非繁殖期上体大部灰褐色。嘴和脚黑色。

习性：通常单独或结小群活动于海滨、岛屿、河滩、湖泊、池塘、沼泽、水田、盐湖等湿地之中。以蠕虫、昆虫、软体动物为食，兼食植物种子、植物碎片。

图 2－136　金眶鸻

图 2－137　环颈鸻

3. 鸥科（Laridae）

主要有黑尾鸥（*Larus crassirostris*）（图 2－138）。

鉴别特征：体长 43～51 cm。夏羽两性相似。头、颈、腰和尾上覆羽以及整个下体全为白色；背和两翅暗灰色。翅上初级覆羽黑色，其余覆羽暗灰色，大覆羽具灰白色先端。嘴黄色，先端红色，次端斑黑色；脚绿黄色。亚成鸟偏褐色。

习性：常成群活动。成天在海面上空飞翔或伴随船只觅食，或群集于沿海渔场活动和觅食。主要以上层鱼类为食，也吃虾、软体动物和水生昆虫等。

4. 燕鸥科（Sternidae）

主要有褐翅燕鸥（*Sterna anaethetus*）（图 2－139）。

鉴别特征：额白，连接白色眉纹，延伸至眼后方；头顶和枕及后颈黑色，上体黑褐色，双翅颜色更深浓，尾呈深叉状；穿眼纹黑色，颈侧及下体白色；嘴和脚黑色。

习性：主要栖息于大海，是典型的海洋鸟类。食物主要是鱼类、甲壳类等。

图 2－138　黑尾鸥

图 2－139　褐翅燕鸥

第六节　海洋哺乳类（海豹、鲸、海豚等）

哺乳纲（Mammalia）是全身被毛、运动快速、恒温、胎生和哺乳的脊椎动物。哺乳动物分布于世界各地，营陆上、地下、水栖和空中飞翔等多种生活方式；营养方式有草食、肉食和杂食 3 种类型。哺乳纲目前有 5 488 个物种，分布在 29 目 153 科 1 229 属中，约占脊索动物门的 10%，地球所有物种的 0.4%。海洋哺乳动物有 120 多种，我国现有 39 种。

常见海洋哺乳动物：

（1）食肉目（Carnivora）。

海獭，属食肉目鼬科水獭亚科鼬科，一般成体的雄性海獭体长 1.47 m 左右，重 45 kg；雌性体长仅 1.39 m，重 33 kg。常见于多岩石的海边。我国的海域中没有海獭。

（2）鳍脚目（Pinnipedia）。

鳍脚目由古代食肉类分出，与食肉目动物是近亲，是向水中发展的一支水栖大型食肉哺乳动物。亚种现存的有 3 科：海狮科（Otariidae）、海豹科（Phocidae）及海象科（Odobenidae），我国仅有前 2 科。该目的动物身体一般是纺锤形（或流线型），体表密生短毛，头圆，颈短；四肢具有 5 指（趾），指（趾）端一般有爪，指（趾）间被肥厚的蹼膜连成鳍状，适于游泳，故称“鳍脚目”。在我国代表种类有北海狮（*Eumetopias jubatus*）（图 2－140）和斑海豹（*Phoca largha*）（图 2－141）。

图 2－140　北海狮

图 2－141　斑海豹

（3）鲸目（Cetacea）。

鲸目善于游泳，在体形及结构上有很大变异；体毛退化（胎儿头部尚具毛）、皮脂腺消失、皮下脂肪增厚（20～50 cm），前肢鳍状、后肢消失，颈椎有愈合现象，具“背鳍”及水平的叉状“尾鳍”。鲸目是完全水栖的哺乳动物，有的主要靠回声定位寻食避敌。一般以软体动物、鱼类和浮游动物为食，有的种类也能捕食海豹、海狗等。

主要分为两个子目：须鲸亚目（Mysticeti）和齿鲸亚目（Odontoceti）。前者不具齿（胎儿期具齿），由上颚部角质化板排列成行，自口顶下垂，以滤食小型水生生物，称鲸须。须鲸多半栖息于远洋，而极少接近海岸，生活在200～300 m的深海。世界上最大的动物蓝鲸（*Balaenoptera musculus*）（图2－142）和第二大动物长须鲸（*B. physalus*）（图2－143）均属于须鲸亚目须鲸科，我国沿海所见的小鳁鲸（*B. acutorostrata*）（图2－144）也属此科。齿鲸类代表有抹香鲸（*Physeter macrocephalus*）（图2－145）和海豚科（Delphinidae）的各种海豚。

图2－142　蓝鲸

图2－143 长须鲸

图2－144　小鳁鲸

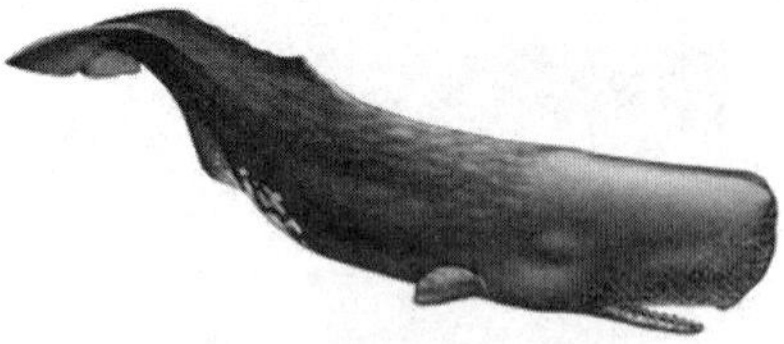

图2－145　抹香鲸

（4）海牛目（Sirenia）。

现存共有四种海牛目动物，分为两个科：海牛科（Trichechidae）的3种海牛与儒艮科（Dugongidae）的儒艮（*Dugong dugon*）（图2－146）。海牛目外形呈纺锤形，颇似小鲸，但较鲸的颈短。体长2.5～4.0 m，体重360 kg左右；皮下储存大量脂肪，以保持体温；前肢特化呈桨状鳍肢，没有后肢；尾鳍扁平且大而多肉；胚胎期和幼兽有毛，成体躯干基本无毛；头大而圆，唇大，短颈；鼻孔位于吻部上方，适于水面呼吸。植食性，以海草与其他水生植物为食。

图2－146　儒艮

第三编　陆地实习

第一章　陆地实习的基础知识

第一节　陆地实习的生境类型

一、农田生境

农田又称耕地，在地理学上是指可以用来种植农作物的土地，是人类采用最新的科学技术手段，从中最大限度地获取人类需要的生活资料和生产资料的重要生产基地。气候的不同使得南北方热量的分带、植被类型和耕作方式都有差异，与此相适应的动物类群也有所不同。有些种类危害农作物，有些却给农田带来益处，不少种类的生活习性随作物的季节性而变化。例如，南方有些在水田区活动的鼠类，它们在水稻灌水季节多在杂草丛生的田埂、围堤上筑巢或移栖于玉米、棉花等旱生作物田间；到了田水干涸、作物成熟或收割的季节，又转到食物丰富的稻田。此外，作物的配置情况、耕作技术、土壤情况、谷物秸秆堆放和处理办法，均可影响鸟兽的种类、繁殖、数量、食性和迁移等。

根据水源条件，农田可分为水田和旱田两大类。我国南方以水田为主，多种植水稻；北方以旱田为主，多种植小麦和杂粮等。根据作物种类不同，又可分为粮食作物田和经济作物田。前者包括小麦、水稻、玉米、高粱、谷子、莜麦等；后者包括棉花、大豆、芝麻、蓖麻、胡麻、花生、油菜、甘蔗、甜菜等。此外，还有菜园和果园等。

农田具有以下的特点：

（1）在人类长期的农业活动影响下，农田地区较大型的动物已绝迹，形成其所特有的动物群，尤以啮齿动物为多见。

（2）农作物的耕作有着明显的季节性，居住在农田地区的动物习性，不仅随着作物的季节性变化而变化，还伴随着作物的倒茬而转移栖息地，危害作物的现象明显，如黄毛鼠（*Rattus losea*）、板齿鼠（*Bandicota indica*）等，在水稻抽穗时，大量聚集田间，咬食孕穗，并将其拖入洞内；当水稻收割后，又转吃甘蔗，此外，还大量盗食蔬菜、瓜果等，危害极大。

(3) 农田与其周围生境相比，植物群落单纯，隐蔽条件较差，但有较好的食物供应，这是吸引某些食谷鸟类群集和鼠类大量繁殖的原因之一。由于耕作技术提高，田间空地减少，鼠类的洞穴多集中于田埂、堤坝附近，动物的分散与集中，直接受食物的影响。

收割后的谷物和秸秆，如不及时进行脱粒，在田间堆积成垛，就给某些鼠类提供了丰富的食物，并为其创造了良好的栖息和繁殖条件。

二、居民区生境

居民区是人为景观的一部分，在大小城市、乡村、城镇甚至林区附近，都有各种类型的建筑物，如住宅、庙宇、公园、花园等。它们与农田一样，成为某些鸟类和小型兽类良好的居住场所。与其他自然景观中的动物相比，居民区的动物与人类的关系更为密切。它们获得了一些新的适应性，成为伴生动物。如某些啮齿类随季节变化而具有家野两栖性。某些鸟类具有返回原居住地的本能，它们的活动给人类的健康和经济生活都带来重大的影响。因此，在实习期间，深入观察和研究它们的益害具有重要的意义，更可为招引有益动物与消灭有害动物提供科学依据。

居民区则具有以下的特点：

(1) 食物充足，人类贮备的粮食、蔬菜和食物的残渣等，都为动物的生存提供有利条件，对冬季由田野迁入住宅、畜棚、柴草房内的鼠类更为重要。丰富的食物让它们能够适应不良环境，甚至可以在冬季繁殖，如小家鼠、褐家鼠、黑线姬鼠、黑线仓鼠等。

(2) 人类建筑物温度适宜，隐蔽所多，敌害少，故某些鼠类可终年栖息在居民区中。小家鼠栖于地面堆放的家具、储藏物等处；褐家鼠除地面外，多活动于下水道；而黄胸鼠多栖息在住房、厨房和畜舍的上层或天花板上，所以有屋顶鼠之称，在野外田间极罕见。

(3) 人口密集、活动频繁以及各种类型的建筑物及生活措施中的照明装置等，招引了大量昆虫，为夜间活动的食虫动物创造了有利条件，壁虎和蝙蝠是适应这种特殊环境的典型代表。

三、草原生境

草原地区气候干燥、风大、雨少，在这种不利的条件下，牧草借庞大的根系牢牢地固定在土壤中，并从干旱的土壤中吸取足够的水分和营养。我国草原占全国土地面积的五分之一以上，可有效利用的草原约 2.2×10^6 万 km^2，大部分分布在长达 12 000 km 的国境线附近。

我国从东南沿海向西北，依次出现湿气候、半干旱气候和干旱气候，越往西北气候越干燥。干燥的荒漠处在大陆中心，茂密的森林分布在沿海湿润地区，草原位于荒漠（极端大陆性干旱地区或雪线以上的高寒山地，如戈壁沙漠、青海的柴达木盆地等）和森林的中间，是森林带向荒漠带的过渡带。在草原带内，越向西北，草越矮小。可见草原的出现，主要是由地理和气候条件造成的。

四、森林生境

森林环境的特点是动物食物的种类和数量多、温度波动范围小并有多样的天然隐蔽所和良好的保护条件，这些特点决定了森林动物的多样性和丰富度。我国有着广阔的森林面积，大体上可分为寒温带针叶林、温带落叶阔叶林、亚热带常绿阔叶林和热带雨林四种类型。

寒温带针叶林位于我国北部，包括大小兴安岭北部及新疆阿尔泰山区。气候寒冷，冰冻期长，是我国著名的林区。热带雨林位于我国最南端，包括云南、广西、广东和福建各省的南部以及台湾和海南岛。气候炎热多雨，全年无霜，为热带雨林和季风雨林性常绿阔叶林。前往上述两个林带实习的机会不多，不做具体介绍。

第二节　陆地实习工具与药品

一、捕捉工具

（1）网具。包括昆虫采集网和捕鸟张网。常见的昆虫采集网主要有捕网、扫网和水网：①捕网主要用于捕捉飞行中或停息着的较为活泼的昆虫，它的网袋一般是由尼龙纱或珠罗纱制成的，其特点是轻便、通风；②扫网一般是由结实的白布或亚麻布制作而成，常用来扫捕隐藏在草丛、灌木等较为低矮和茂密植被上的昆虫。

（2）夹具。常用的夹具有老鼠夹和蛇钳。老鼠夹的种类包括闸式和有板式两种，均用于捕捉老鼠。蛇钳是用金属制成的专用于捕蛇的一种工具，它由手部、竿部和钳部组成。手部包括手柄和控制钳的开关用的扳机，松开扳机的时候，钳张开，反之则钳闭合。钳部一般做成一个下平上凹的结构，以免蛇被夹伤，破坏其完整性，捕捉时应钳住蛇的颈部。

图 3－1 昆虫采集网

（3）猎枪。猎枪用于采集体形较大的动物，根据动物体形的大小可选择型号不同的枪砂。

（4）吸虫管。吸虫管是一种专门用于采集蚜虫、蓟马、粉虱等身体柔弱且不易拿取的微小昆虫的工具，其原理是利用吸气形成的气流将昆虫吸入容器内。一般吸虫管的制作材料包括玻管、细玻管、胶皮管和一个软木塞。使用时将其中的一管口对准需要采集的昆虫，按动吸气球，将昆虫吸入瓶中即可。

（5）诱虫灯。诱虫灯是利用昆虫的趋光性而设计的一种诱捕工具，一般可分为固定式和流动式两大类。固定式诱虫灯常选择在有电源的地方附近安装，要求光源射程足够远，且昆虫能比较容易进入灯下的容器内但不易逃脱。流动式诱虫灯较为简便，只需要拉好电线，接通电源，在幕布上方悬挂一盏紫外灯或者黑光灯，引诱昆虫。

（6）辅助工具。小铁锤、铁锹等掘土工具，用于采集泥沙、土壤或石块下的动物。此外，还包括用于夹取标本的镊子、扫取身体柔弱的微小动物的毛笔、观察用的放大镜等。

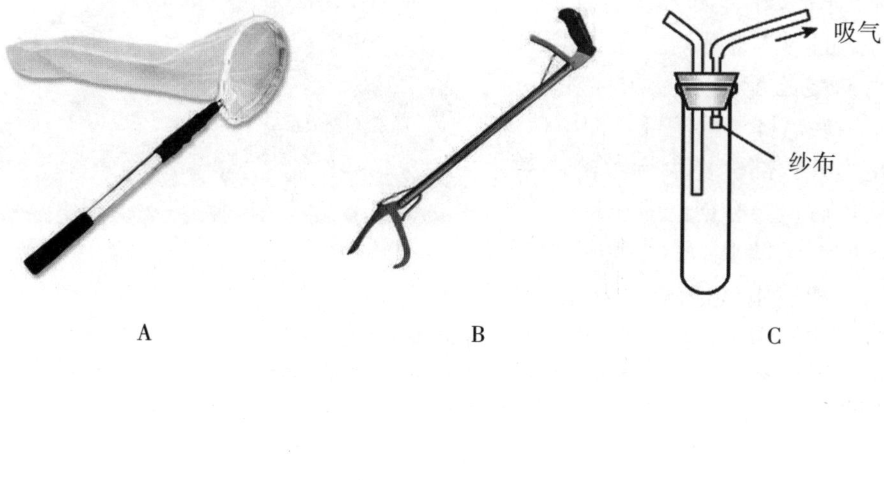

A　　B　　C

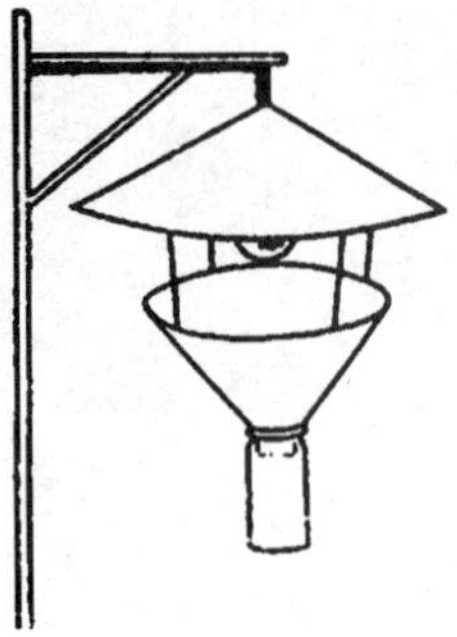

D

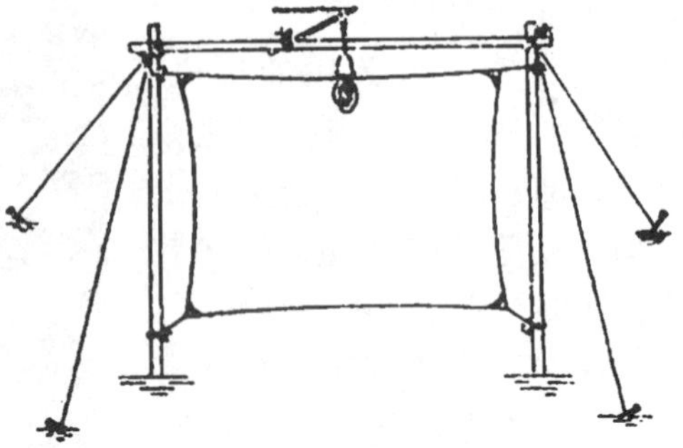

E

图 3－2　常见捕捉工具

（A：捕网；B：蛇钳；C：吸虫管；D：固定式诱虫灯；E：流动式诱虫灯）

二、盛具

（1）毒瓶。毒瓶是一种让昆虫快速死亡，但不损坏标本的人工制作盛具。制作毒瓶的常用试剂有乙醚、乙酸乙酯、氰化钾、氰化钠、氰化钙、三氯甲烷等。但由于氰化物是剧毒药品，属于管制性剧毒化学品，建议使用乙醚、乙酸乙酯等药剂代替。在实际操作中较常使用的是乙酸乙酯，因为它的毒虫效果较好，且对人体相对安全。使用时，先用乙酸乙酯将适量的棉花浸湿，放于瓶底后铺一层滤纸，即可使用。不足之处：部分昆虫标本经乙酸乙酯处理后，会有褪色的现象。

图 3－3　毒瓶

（2）采集袋。采集袋是为了方便携带和使用其他采集工具而设计成背包式的袋子，里面层次较多，外面有插放毒瓶和指形管用的筒袋，这样各种用具可分格存放，方便使用，并且不会互相碰撞损坏，外面筒状袋须加布盖，以免瓶塞丢失。

（3）采集箱。采集箱可分为幼虫活体采集箱和保存标本的采集箱。幼虫活体采集箱是木制而成的，铁纱将中间隔成12个大小不一的方格，每个方格都有一个可向外打开的门，门上装有能与箱框相扣的铁钩。上面6个方格上方各留有圆洞，可用于放入善于飞翔和跳跃的昆虫。此外还可根据需要制成不同用途、不同形状的采集箱，如标本盒样式的可容纳针插标本的采集箱。

（4）三角纸包。三角纸包是用长方形纸片折叠成的三角形小包，常用于采集途中临时存放鳞翅目、蜻蜓目、脉翅目和毛翅目的昆虫。其特点是制作简单、携带方便。使用时要避免昆虫标本被破坏，不可挤压与折叠。

三、标本制作工具

（1）昆虫针。昆虫针是昆虫标本制作时不可或缺的用于固定虫体的不锈钢针，其型号随着昆虫虫体的大小不同而有所变化。按昆虫针的粗细长短可分为00、0、1、2、3、4、5号共7种。

（2）三级台。三级台是用三块长短不一但厚度相等的优质木板或有机玻璃黏合在一起做成用于针插标本的工具，长7.5 cm，高2.4 cm，相邻两级高度相差0.8 cm，中央钻有小孔。

（3）展翅板。展翅板是专门用来伸展昆虫翅膀的工具，由较软而轻的木材制成。

（4）整姿台。整姿台是由松软的木材制作而成的有孔木板，用以刺插昆虫标本，使标本伏在板上，然后用镊子和昆虫针将标本的足、触角等按自然姿态进行整理，使昆虫标本呈现自然又完美的姿态而栩栩如生。

（5）回软缸。回软缸是对已经干硬的昆虫标本进行软化的一种玻璃器皿，可用玻璃干燥器替代。

（6）标本盒。标本盒是用来保存针插标本的方形盒子，盒底垫有软而易穿透的材料，以便于昆虫针的插入和取出。

图 3－4　昆虫标本制作工具

（A：昆虫针；B：展翅板；C：回软缸；D：三级台；E：标本盒）

第三节　昆虫标本的采集与制作

一、昆虫标本的采集

（一）采集时间、地点的选取

一般而言，昆虫种类繁多，生活习性也各不相同，标本一年四季都可以采集。而每年的晚春至秋末是昆虫生长旺盛的季节，是采集的最佳时期。不同的昆虫采集时间不同。白天活动的昆虫活动最旺盛的时间段是上午 10 时到下午 3 时；而夜间活动的昆虫在太阳下山后天刚刚变黑时最多。另外，在晴朗温暖的天气采集能有较好的收获，而在有风阴冷或下雨后的日子，昆虫大都蛰伏，不易寻找。

采集地点的选取也要根据昆虫的种类、习性而定，所以采集前要预先了解各类昆虫的分布范围。昆虫一般在山地上、湖泊中及植物种类较复杂的地方分布较多，土壤中、石块下、杂草烂叶里，或者附近有溪流的地方会更容易找到。

（二）采集方法

1. 网捕法

网捕法是最普通也是最常用的昆虫采集方法，用网捕法采集昆虫时主要有以下四个步骤：①捕捉在空中飞行的昆虫时，动作应敏捷而轻快，迎头一兜，并迅速将网口转折过来，并将网的底部连虫一并甩到网圈上来，以防止入网的昆虫逃跑；②揭开毒瓶的盖子，将毒瓶伸入网的底部，小心扣住昆虫使之进入瓶内；③若捕到的是大型蝶蛾类昆虫，可在网外用手轻轻捏压其胸部，使其窒息而亡，然后放入毒瓶内；④在捕捉草丛中的昆虫时，可以采用边走边扫的方法，扫入网后，将网到的昆虫连同碎枝叶一起倒入毒瓶里，待昆虫被毒死后，再倒在白纸上进行挑选。

2. 震落法

震落法是采集昆虫的常用方法之一。许多昆虫有假死的特点，突然震击植物，可使假死昆虫自然落入提前设置的网中；有的昆虫虽然没有假死，当它不活动时，猛烈震击植物也可取得上述效果。

3. 诱集法

大部分昆虫具有趋光性、趋色性、趋食性和趋异性等习性。利用这些天然习性，可采到许多种类的昆虫。灯光诱捕是最常用的诱捕方法，如蛾类、蝼蛄、金龟子等昆虫均有较强的趋光性。色诱是利用昆虫对颜色的敏感性来进行采集的，如用黄盘来诱捕采集蚜虫。

（三）采集昆虫的注意事项

昆虫标本采集的注意事项一般有以下五个方面：

（1）采集时要细心全面，尽量获得不同阶段的昆虫，不论其体形大小都要保管好。

（2）保持标本的完整性，尽量不损坏昆虫的各个部分，如触角、翅、附肢等，否则会给标本的鉴定带来困难。

（3）同时、同地所采集到的标本要单独一处存放。

（4）所采集到的标本一定要附上详细的采集记录，包括采集时间、采集地点、采集人、采集环境、昆虫大小及体色等相关信息。

（5）当采集数量满足研究要求时，需考虑在自然界中留有一定的种群数量，不过度采集，以保持生态平衡。

二、昆虫标本的制作

1. 还软

若采集到的昆虫因放置了较长的时间而干燥，为防止损伤昆虫的各部分，应先用回软缸还软后再整姿展翅。如果是采集回来当天就制作标本的，可以省略这一步骤。

2. 针插

要注意根据虫体大小选择针插用的昆虫针，以既牢固而又不损害标本为标准。插针的位置因昆虫类群而异，下表是不同种类昆虫的针插位置：

不同种类昆虫的针插位置

昆虫种类	鳞翅目、蜻蜓目	鞘翅目	直翅目	半翅目	双翅目	膜翅目、脉翅目
针插位置	中胸背板正中央	右翅基部	前胸背板中部、背中线稍右	中胸小盾片中央偏右	中胸偏右	中胸背板中央稍右

针插昆虫后，针应与虫体的纵轴垂直，虫在针上的位置用三级台来调整。调整的方法是将针连虫体倒过来，使在针上的昆虫、鉴定签及采集签分别位于三级、二级和一级的高度上。对于微小的昆虫，用针插易使虫体破碎，可另选重插法或胶粘法来制作标本。

3. 整姿和展翅

针插后，需对昆虫标本进行整姿，即将昆虫的触角、足、翅和腹部等摆正，与自然状态相同。对于较大型的昆虫，更需注意展翅和摆正腹部。展翅时将定好高度的标本固定在展翅板的槽中，使翅基部与展翅板平行，用昆虫针轻轻挑起翅脉使翅展开，边展翅边用透明的蜡纸或塑料纸条将翅压住，并用大头针固定。对于腹部较大的标本，应在其腹部下垫一棉球，以免腹部下垂。

4. 烘干

将整姿展翅后的标本放入烘箱中，在40℃至45℃下间断烘干。保存标本烘干后，整理归类并装盒保存。标本盒的密闭性要好，以防止霉变；同时在盒中放入樟脑丸或其他防虫蛀的药品，并要适时更换。

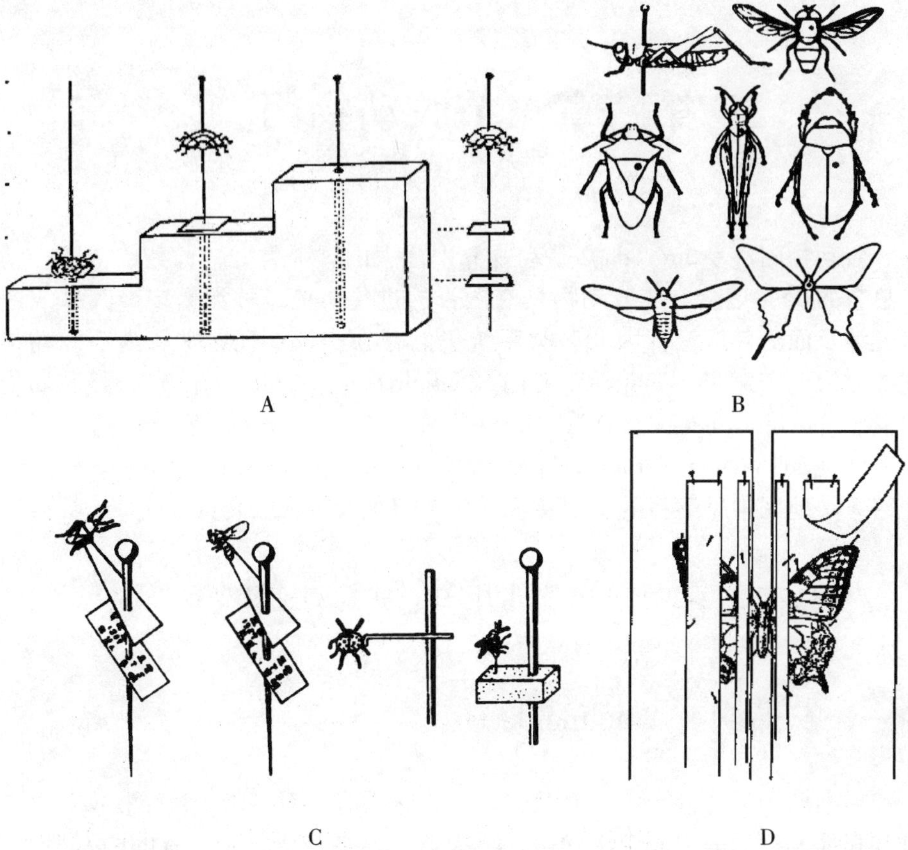

图 3－5 昆虫的制作方法

（A：三级台上针插；B：部分昆虫针插位；C：小型昆虫针插法；D：展翅方法）

三、昆虫标本的保存

昆虫标本上的标签是一个标本最原始的记录，一般用坚硬而光滑的白纸制成。标签上的字需用黑墨水或绘图墨水书写清楚，避免日久褪色或者不易识别。标签可分为以下两种：

（1）采集标签：一般有 2 个，一个记录采集地点、海拔高度和采集时间；另一个记录采集方法、环境和采集人。

（2）鉴定标签：主要写此标本的学名、中文名、鉴定人和鉴定时间等内容。

第二章　节肢动物门

节肢动物门（Arthropoda）是动物界中最大的一个类群，种类数估计占动物界总数的85%以上。节肢动物具有漫长的进化历史，种类繁多，其系统进化研究涉及面极其广泛，因此分类系统仍然存在争议。现通常认为节肢动物门主要分为五个亚门：三叶动物亚门（Subphylum Trilobitomorpha）、螯肢动物亚门（Subphylum Chelicerata）、甲壳动物亚门（Subphylum Crustacea）、多足动物亚门（Subphylum Myriapoda）、六足总纲（Subphylum Hexapoda）。以下主要介绍粤闽地区常见纲目的主要特征和生活习性及其代表物种。

第一节　蛛形纲与多足纲

一、蛛形纲（Arachnoida）

蛛形纲动物身体分为头胸部及腹部，头胸部有1对脚须、1对螯肢和4对步足。腹部无运动的附肢。无触角，呼吸器官为书肺或气管，有的两者兼备。身体通常分成前体和后体，前体由6节组成，后体由12节组成。螯肢为2~3节着生于口的前方，钳状或非钳状。多数蛛形类都有3种感觉器：眼、感觉毛和缝感觉器。本纲动物主要包括蝎、蜘蛛和螨类等。

红蜘蛛（*Tetranychus cinnbarinus*）（图3-6），又名棉红蜘蛛，俗称大蜘蛛、大龙、砂龙等，成虫长0.42~0.52 mm，体色变化大，一般为红色，梨形，体背两侧各有黑长斑一块。雌成螨深红色，体两侧有黑斑，椭圆形。我国的种类以朱砂叶螨为主，属蛛形纲、蜱螨目、叶螨科。分布广泛，食性杂，可危害110多种植物。

恙螨属于真螨目绒螨总科。恙螨仅幼虫营寄生生活，其他各期营自生生活。全世界已知的恙螨有3 000多种，我国有记载的350余种。华南地区常见的种类有地里红恙螨、红恙螨和印度真棒螨等。

图 3-6 红蜘蛛

图 3-7 地里纤恙螨的幼虫

二、多足纲（Myriapoda）

身体延长呈扁平或圆筒形，分头和躯干二部，一般背腹扁平，体表覆盖较厚的角质层。头部有触角 1 对，单眼多对。

多足纲包括蜈蚣（图 3-8）、马陆（3-9）等陆生节肢动物。多行动缓慢，性喜阴暗潮湿，栖息隐蔽，常栖息于石头、落叶、树皮或苔藓下面及洞穴中。当遇到生存条件不适宜时，多足类常成群地迁徙。

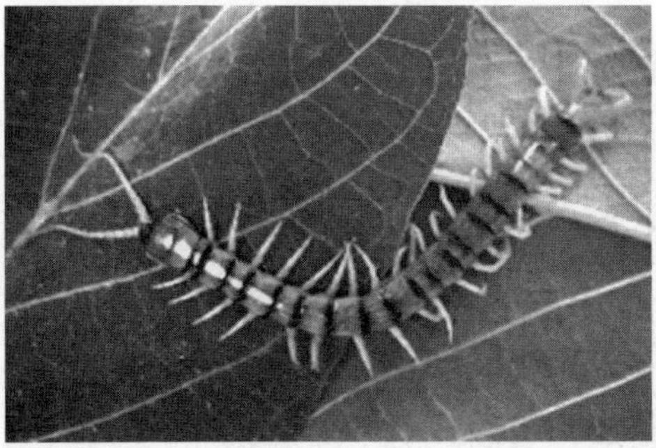

图 3-8 蜈蚣

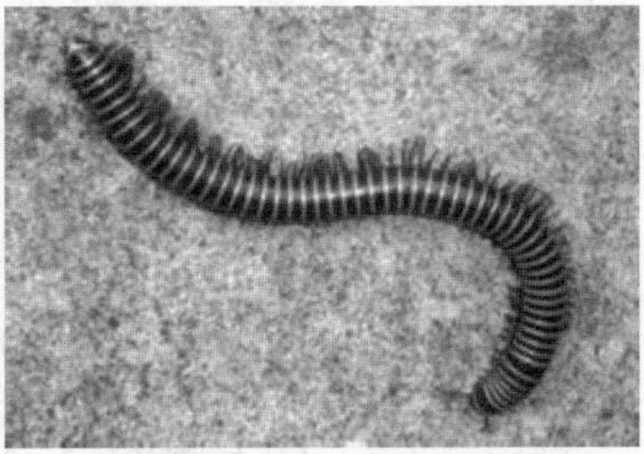

图 3-9 马陆

第二节 昆虫纲

昆虫纲隶属于节肢动物门六足总纲（Hexapoda）。昆虫纲不仅是节肢动物门，也是整个动物界种类和数量最多的一个纲。已记录的昆虫超过 100 多万种，占地球生物多样性的一半，已被命名的种类占动物界已知种类的2/3。它不但与人类的生活生产息息相关，而且在维护地球的生态平衡中占据重要的地位，在生命世界的发展和循环中起着举足轻重的作用。

一、昆虫的生长特点

（一）历史长

最原始的昆虫在4亿年前就出现了，大约3.5亿年前出现原始的有翅昆虫，远远早于恐龙（2.25亿年前）出现时期，更不用说最长仅有100多万年的人类历史了。

（二）种类多

昆虫是动物界中最繁盛的一个类群，估计有1 000万种，已被命名的种类占动物界已知种类的3/4。

图3－10　昆虫纲已知种类在动物界种类中的比例

（三）个体数量大

昆虫的繁殖能力非常强，因此同种昆虫的个体数量很大。一棵树上可以有蚜虫 10 万只，一个蚂蚁种群可能有 50 万个个体，1 m^3 土壤中可能有弹尾虫 10 万只。以蚜虫为例，在北京，150 天内，一只雌虫可繁殖的后代数的体重，相当于 3 363 亿人的总体重；若以其头尾相接，其长度相当于太阳和地球之间距离的 70 多万倍。

（四）分布广

地球上任何一个地方几乎都有昆虫存在，其对温度、饥饿、干旱和药剂有很强的适应力；还会采取休眠或滞育的方法应对不良环境条件。例如石油突额水蝇（*Psilopa petrolei*）的幼虫可生存在石油中，以吃石油中已死亡的其他昆虫为生；介壳虫可忍受 54 ℃ ~55 ℃的高温；蚜虫可在 −7 ℃的低温下进行交配。

图 3 − 11　枯叶蛱蝶

二、昆虫纲常见动物的简介

本部分对常见的缨尾目、弹尾目、蜚蠊目、螳螂目、蜉蝣目、蜻蜓目、直翅目、同翅目、半翅目、缨翅目、脉翅目、鞘翅目、鳞翅目、双翅目、膜翅目共 15 个目的特征及其各科的代表种类做主要介绍。

(一) 缨尾目 (Thysanura)

缨尾目在昆虫纲是一个较小的目，全世界有 4 科约 370 种。由于它们身上具有银灰色的鳞片，因此它们又被称为衣鱼。

毛衣鱼（*Ctenolepisma villosa*）（图 3 – 12）属于衣鱼科（Lepismatidae）的一种，俗称蠹虫。性活泼，但畏光，通常夜里活动。体细小且扁平，触角细长，丝状，口器适于咀嚼；腹部有很长的尾须和一条很长的中尾丝，腹部腹板常具有针突和翻缩囊。可供药用，我国各地均有分布，是室内常见的害虫，危害书籍、纸张、绢丝、毛料等。

(二) 弹尾目 (Collembola)

绿圆跳虫（*Sminthurus viridis*）（图 3 – 13）属于圆跳虫科（Sminthuridae），体呈圆球形，头部垂直位，有眼，触角着生于头的后部。其腹面前部有 1 黏管，端部着生 1 对分叉管状的弹器，弹器在第 5 腹节，弹器色淡，端部尖细。体表疏生白色刚毛，足的末端有 1 爪及一大的背刺。

通常寄生在大蒜、水稻、绿肥及其他豆科植物等上，成虫或若虫危害叶鞘、稻苗心叶及叶片，致使叶鞘上出现破损状褐色折痕或黄斑。

图 3 – 12　毛衣鱼

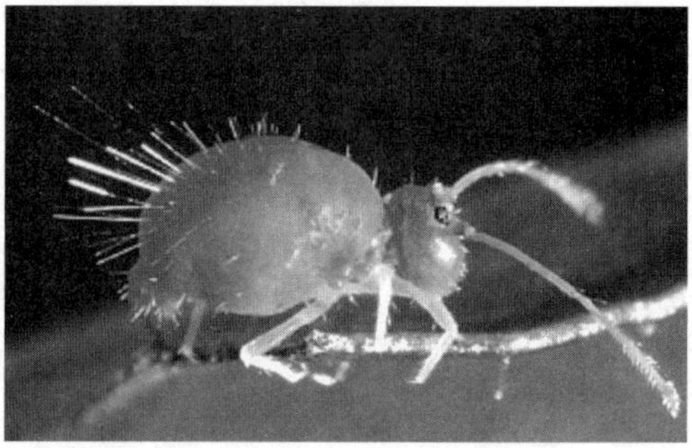

图 3 – 13　绿圆跳虫

(三) 蜚蠊目 (Blattaria)

东方蜚蠊（*Blatta orientalis*）（图 3 – 14）头扁三角形藏前胸下，触角长丝状，复眼肾状且发达。前胸背板盾形，翅发育不全，雌虫翅退化成两小片，雄虫翅不完全覆盖腹部。广泛分布于北温带地区，为世界性害虫。杂食性，主要危害粮食、皮革、纸张等。

中华地鳖（*Eupolyphaga sinensis*）（图 3 – 15）身体背面呈黑褐色，伴有灰

蓝色光泽，腹面则通常为红棕色。体长 30 ~ 35 mm，体宽 26 ~ 30 mm。雌雄异形，雌无翅而雄有翅。地鳖虫是一种重要的药用昆虫，又名土元、地乌龟，生活于潮湿、阴暗、腐殖质较丰富的松土中，怕阳光，通常白天潜伏而夜晚活动，生长最适温度为 28 ℃ ~ 30 ℃。

图 3 – 14　东方蜚蠊

图 3 – 15　中华地鳖

（四）螳螂目（Mantedea）

中华大刀螂（*Paratenodera sinensis*）（图 3 – 16）体形较大，呈黄褐色或绿色。头部呈三角形，口器咀嚼式，前足为捕捉足。前胸背板，肩部较发达。前胸细长，侧缘有细齿排列。后部至前肢基部稍宽。前翅革质，后翅膜质。渐变态，成虫、若虫均肉食性。中华大刀螂喜阴怕热，一般在早晚活动取食。炎热的夏天常栖息在树冠阴凉处或杂草丛中，秋季气温降低时，早晚多栖息在向阳的树叶上。

（五）蜉蝣目（Ephemeroptera）

蜉蝣目通称蜉蝣（图 3 – 17），具有古老而特殊的性状，是最原始的有翅昆虫。体中小型，柔软纤弱。翅膜质，后翅退化，翅脉网状，休息时竖于背上，不可折叠。触角短，刚毛状。腹末有尾须 1 对，细丝状，分节，有时还具 1 条中尾丝。原变态，稚虫生活于水中。

幼期（稚虫）水生，常生活于淡水湖或溪流中，5 ~ 6 年。成虫不食且寿命短，一般只活几小时至数天，雌蜉蝣几小时就会死亡，雄蜉蝣可以活 1 ~ 2 天。

图3－16　中华大刀螂

图3－17　蜉蝣

(六) 蜻蜓目 (Odonata)

黑尾灰蜻（*Orthetrum glaucum*）（图3－18）体形较大，翅长而窄，膜质，又薄又透明，后翅较前翅稍宽，翅面无斑纹。咀嚼式口器。

豆娘（*Caenagrion*）（图3－19）身体细长，复眼发达，着生于头两侧，触角刚毛状，咀嚼式口器。前后翅形状相似，体形娇小，休息时翅束于背上方。属身体细长且软弱的飞行昆虫，类似小型的蜻蜓。豆娘的成虫一般习惯在稚虫（水虿）栖息的水域附近活动、觅食、求偶、产卵。

图3－18　黑尾灰蜻

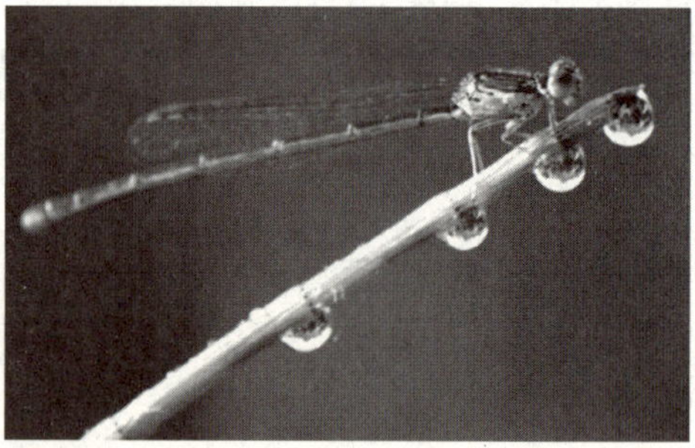

图3－19　豆娘

(七) 直翅目 (Orthoptera)

1. 蝗科（Acrididae）

东亚飞蝗（*Locusta migratoria*）（图3－20）别名蚂蚱、蝗虫，为迁飞性的杂食性大害虫。体形较大，呈黄褐色或绿色。胸部有两对翅，前翅革质后翅膜质，前胸背板马鞍型，盖住中胸。

在自然气温条件下生长，一年通常繁殖两代，第一代称为夏蝗，第二代称为秋蝗。飞蝗密度小时多散居，密度变大可逐渐聚集成群居。常危害高粱、小麦、粟、水稻、玉米等多种禾本科植物，也可危害大豆、棉花、蔬菜等。

2. 蟋蟀科（Gryllidae）

中华蟋蟀（*Gryllulus chinensis*）（图 3－21），俗称蛐蛐。体一般偏黑色，圆筒形。触角丝状，比体长。听器位于前足胫节内侧。各足跗节 3 对，后足发达，为跳跃足，擅长跳跃。多栖于河沟边、低洼及杂草丛中，也有的生活在土表砖、石块下。多为植食性，夜间较活跃，生性好斗。

图 3－20 东亚飞蝗

图 3－21 中华蟋蟀

3. 蝼蛄科（Gryllotalpidae）

非洲蝼蛄（*Gryllotalpa africana*）（图 3－22）体长圆形，灰褐色或暗褐色，全身密被短小软毛。头部呈梯形，喙圆粗短。触角节膝状鞭节。前足开掘足，后足胫节背面的内侧有 4 个距。一般栖息在腐殖质多和温暖潮湿的沙壤土或壤土中的蛀道内，成虫、若虫均在土中活动，咬食植物根部，是典型的地下害虫。成虫有趋光性，以夜间和清晨活动最盛。1 年发生 1 代。以成虫或若虫在土中越冬。

4. 螽蟖科（Tettigoniidae）

纺织娘（*Mecopoda elongata*）（图 3－23）体大头小，圆筒形，多为绿色；前胸背侧片基部多为黑色，前翅发达，常有纵列黑色圆斑。复眼椭圆形，褐色，触角丝状，比体长。雌虫产卵器宽扁，呈刀状。雄虫的翅脉上有透明的发声器。纺织娘喜欢栖息于凉爽阴暗的环境中。1 年发生 1 代，产卵于植物组织内越冬，为植食性昆虫。

图 3－22　非洲蝼蛄

图 3－23　纺织娘

（八）同翅目（Homoptera）

1. 蝉科（Cicadidae）

蚱蝉（*Cryptotympana atrata*）（图 3－24），雄虫体长且宽大，体长 4.4～4.8 cm，翅展 12.5 cm，雌虫稍短。体通常为黑色，有光泽。触角短小着生于复眼前方。有 1 对复眼，大且横宽，为淡黄褐色。单眼 3 个，排列呈三角形位于复眼中央。雄虫腹部第一节上有发音器。俗称“知了”。1 年发生 1 代，一般未孵化的幼虫在树枝越冬。以植物的根或枝的汁液为食，危害树木或果树。有一定的药用价值。

2. 叶蝉科（Cicadellidae）

大青叶蝉（*Cicadella viridis*）（图 3－25），体形较小，头部宽圆，触角刚毛状着生于两复眼之间。除前胸前缘为黄褐色，其余部分大都为深绿色。后足胫节下方密生 2 列短刺，这一特征可以区别于近缘科昆虫。俗称浮尘子。大青叶蝉危害多种植物的叶、茎，使其坏死或枯萎，还可传染病毒，是一种传病昆虫。

图 3－24　蚱蝉

图 3－25　大青叶蝉

3. 飞虱科（Delphacidae）

褐飞虱（*Nilaparvata lugens*）（图 3－26），头顶近方形，额中部略宽近长方形，触角稍伸出额唇基缝，后足基跗节外侧具数根小刺。前翅透明黄褐色，翅斑黑褐色。其中，短翅型的后翅均退化，前翅伸达腹部第 5～6 节。雄虫有蟹钳状的阳基侧突，顶部向内前方凸出呈尖角状；雌虫产卵器位于基部两侧，第 1 载瓣片的内缘基部呈半圆形突起。

褐飞虱也称褐稻虱，是稻飞虱的一种，一般有远距离迁飞的习性，是我国当前水稻的首要害虫。其为单食性害虫，在普通野生稻和水稻上取食以及繁殖后代。

A　　　　B

图 3－26　褐飞虱

（A：左为长翅褐飞虱，右为短翅褐飞虱；B：稻秆上的褐飞虱）

4. 蜡蝉科（Fulgoridae）

龙眼鸡（*Fulfora candelaria*）（图 3－27），体形中至大型，通常色彩美丽，有"羽衣"之称。头背面或赭褐色，微带有绿色光泽。额常向前伸长似象鼻状。头腹面散布有不规则的白点。触角短，末端具 1 刚毛位于复眼的下方。前后翅端区翅脉呈网状，前翅底色烟褐色，后翅臀区发达。胸部褐色，腹面黑褐色，腹背黄色，各节后缘黄色狭带，腹末肛管呈黑褐色，足黄褐色。

除龙眼、荔枝外，也危害芒果、橄榄、柚子等，是热带、亚热带果园中常见的害虫，成虫、若虫均吸食寄主的枝干汁液，使枝条干枯、树势衰弱。

5. 蚜科（Aphididae）

棉蚜（*Aphis gossypii*）（图 3－28），体形特小，有翅胎生蚜体长不到 2 mm，有深绿、暗绿、黄、青等色。触角丝状，约为身体的一半长。有原生和次生两种，复眼暗红色，为世界性棉花害虫。我国各棉区都有，是棉花苗期的重要害虫之一。寄主植物有花椒、木槿、石榴、棉及瓜类等。

图 3－27　龙眼鸡

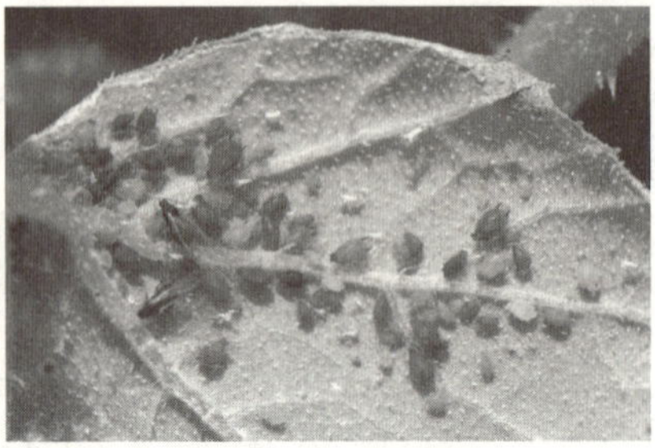

图 3－28　棉蚜

6. 粉虱科（Aleyrodidae）

黑刺粉虱（*Aleurocanthus spiniferus*）（图 3－29），成虫体橙黄色，被一层薄白粉。复眼肾形红色。前翅呈紫褐色，上有 7 个白斑；后翅小且无斑纹，淡紫褐色。黑刺粉虱除危害茶外，还危害柿、柑橘、梨、油茶、葡萄等多种植物。若虫寄生在茶树叶背刺吸其汁液，并会诱发严重的烟煤病。病虫交加，严重时甚至引起枯枝死树。

7. 蚧总科（Coccoidea）

红蜡蚧（*Ceroplastes rubens*）（图 3－30），成虫通常为椭圆形，背面覆有暗红色至紫红色较厚的蜡壳，蜡壳顶端呈脐状凹陷。有 4 条从腹面卷向背面的白色蜡带。雌虫体呈紫红色，雄成虫体呈暗红色；触角 6 节，第 3 节最长。通常喜欢密集地寄生在植物枝杆或叶片上，吮吸汁液，严重危害植株甚至造成植物整株枯死。

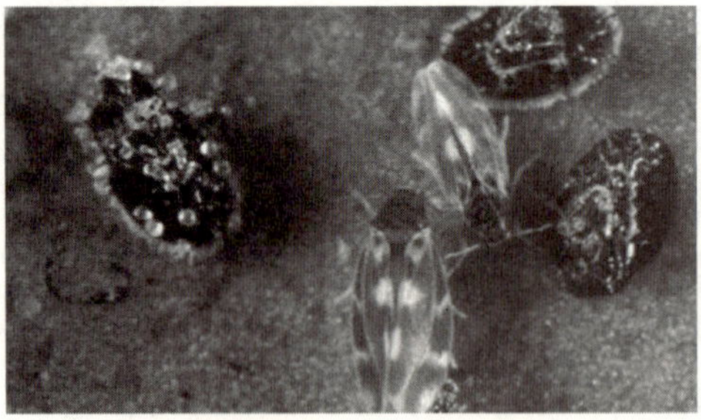

图 3－29　黑刺粉虱

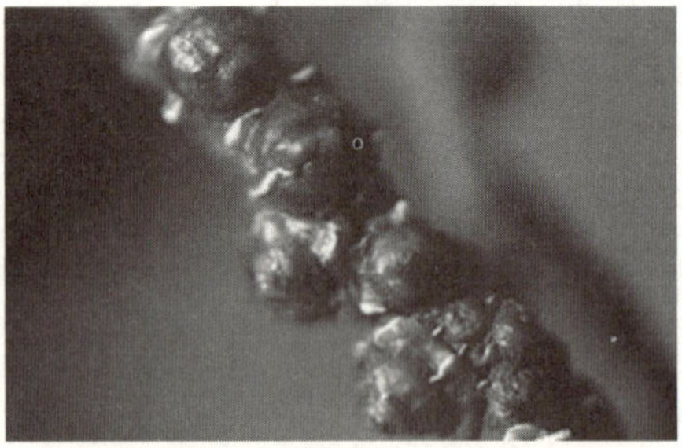

图 3－30　红蜡蚧

（九）半翅目（Hemiptera）

1. 蝽科（Pentatomidae）

麻皮蝽（*Erthesina fullo*）（图 3－31），成虫体呈黑褐色，密布不规则细碎黄斑及黑色的刻点。头部狭长，前端至小盾片之间有条黄色且细的中纵线。麻皮蝽又叫黄斑椿象，寄主有很多，如苹果树、梅树、桃树、枣树等。

大臭蝽（*Metonymia glandulosa*）（图 3－32），盾片的两个基角处均有 1 个暗绿色且具光泽的椭圆斑。头侧叶长于中叶。前翅膜片长过腹末，透明且呈淡黄色。分布广，常危害茅栗、板栗、白栎等树木。

图 3－31 麻皮蝽

图 3－32 大臭蝽

2. 猎蝽科（Reduviidae）

白斑素猎蝽（*Epidaus famulus*）（图 3－33），体长约 18 mm；头窄小尖长，身体细长，体黑色或淡褐色。口器刺吸式，触角细长。前胸背板与外缘角上共有四个尖刺。重要特征是小盾片、前胸背板以及前翅革质部分均密布白色绒毛状小斑点；生活在林区，以各种昆虫为食，有强烈的趋光性。

3. 盲蝽科（Miridae）

黑肩绿盲蝽（*Cyrtorrhinus livdipennis*）（图 3－34），体呈黄绿色，头后的颈状部黑褐色；雌虫体长 3.0～3.2 mm，雄虫体长 2.9～3.1 mm。头顶中央有一黑褐色斑纹；触角丝状，共 4 节。喜欢在湿润、稻虱发生多且水稻生长嫩绿的田间活动。常温下，一世代历期为 18～22 天。

图3-33 白斑素猎蝽

图3-34 黑肩绿盲蝽

4. 盾蚧科（Diaspididae）

黑褐圆盾蚧（*Chrysomphalus aonidum*）（图3-35），成虫的雌虫体黄褐色，体形为略凸的圆形。老熟的成虫前体部膜质稍硬化，在胸部两侧各有一个呈倒卵形刺状突起；雌虫介壳色泽稍有趋于极暗色或黑色的变化，蜡质坚厚，体形圆形，中央隆起。寄主为柑橘、芒果、天竺桂等200余种植物。生活习性与矢尖蚧略似，雄虫多于叶面上固着危害，雌虫多于叶背和果实固着危害，以夏季危害最严重。

5. 负子蝽科（Belostomatidae）

负子蝽（*Kirkaldyia deyrollei*）（图3-36），身体呈扁阔的灰褐色椭圆形，体长约为2 cm，喙短而强，前足强壮。头尖小，三角形。触角小，前胸大。前翅发达，为革质，呈镰刀状。后翅膜质，色淡黄。前足为捕捉足，跗节短，有一钩爪。俗称田鳖，喜欢栖息在稻田、池沼及鱼塘中，生活在水质变化小的山脚底洼、沟、坑、塘、湖中。傍晚时会向明亮处靠近，有较明显的趋光性。

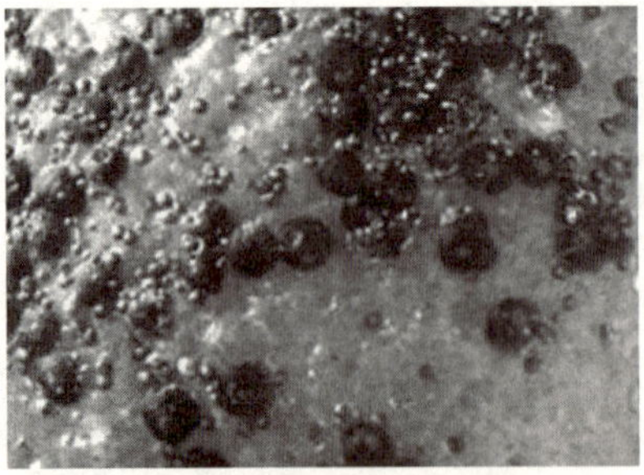

图3-35 黑褐圆盾蚧

图3-36 负子蝽

（十）缨翅目（Thysanoptera）

图 3-37 稻蓟马

蓟马为缨翅目的统称。稻蓟马（*Chloethrips oryzae*）（图 3-37）体微小，体长 0.5~2 mm，通常呈褐色、黑色或黄色；口器为锉吸式；触角线状，6~9 节，某些节上有感觉器；前后翅均为缨翅，狭长，边缘着生整齐的长缘毛。足短小而末端有泡，爪则退化。幼虫呈黄色、白色或橘色，成虫一般为黄色、棕色或黑色。

一般两性生殖，有的孤雌生殖。过渐变态，多为植食性，少数肉食性。喜温暖、干旱的天气，取食植物汁液或真菌。其适宜繁殖温度为 23 ℃~28 ℃。

（十一）脉翅目（Neuroptera）

图 3-38 中华草蛉

中华草蛉（*Chrysoperla sinica*）（图 3-38），体长 9~10 mm，体黄绿色，胸部和腹部背面两侧为淡绿色，有黄色纵带。头部淡黄色，颊部和唇基部均有一黑条。中华草蛉各虫态历期的长短受温度的影响非常大，在 15 ℃~32 ℃温度范围内，随着温度的升高历期会逐渐缩短。寄主危害作物主要有棉花、大豆、小麦、玉米、烟草、蔬菜等。

（十二）鞘翅目（Coleoptera）

1. 步甲科（Carabidae）

中华金星步甲（*Calosoma chinense*）（图 3-39），成虫体长 25~33 mm，宽 9~12.5 mm。体呈黑色，背面色暗但有铜色光泽，鞘翅上数行凹刻星点有显著的金铜光泽。触角线形，长度比体长长一半。胸足黑色。胸部各节背面及中、后胸腹面均有 1 黑斑。腹节第九节背面有 1 对分叉的尾针突。1 年发生 1~2 代，一般以成虫在地下土壤 26~30 cm 处越冬。成虫白天多栖息在隐蔽处，夜间活动捕食。

2. 虎甲科（Cicindelidae）

中国虎甲（*Cicindela chinenesis*）（图 3－40），体中型，成虫体长 17.5～22 mm，宽 7～9 mm。复眼大而突出。触角细长呈丝状。身体各部位具鲜艳色斑和金属光泽。头及前胸背板前缘均为绿色，背板中部金绿或金红色。翅发达，翅前缘有横宽带。翅鞘盘区有 3 个黄斑。足整体呈蓝绿色翠绿色，但前、中足的腿节中部略呈红色。成虫飞行力很强，常在山涧小路上的行人面前迎飞，故被称为“拦路虎”。肉食性，以捕食活虫及其他小型动物为生，故为昆虫天敌和农业益虫。

图 3－39　中华金星步甲

图 3－40　中国虎甲

3. 龙虱科（Dytiscidae）

中华粒龙虱（*Laccophilus chinensis*）（图 3－41），体小型，体长为 3.5～4 mm。头部及前胸背板均为橙黄色。翅鞘呈黑褐色的密集碎斑底色，翅鞘前方与头部下方之间有 1 条米白色锯齿边的横带，翅鞘后段中央附近有一个米白色大斑纹，大斑纹上掺杂许多黑褐色小碎斑。触角丝状，细长。成虫通常出现于春季至秋季期间，主要生活在低海拔的山区。常栖息于沼泽或山沟积水等静水域。

4. 叩头虫科（Elateridae）

叩头虫（*Pleonomus canaliculatus*）（图 3－42），体狭长而略扁平，长约 18 mm，浓栗色，密被金黄色短毛。头部扁平，头顶有三角凹洼，具复眼一对。前胸很发达，前胸与后胸衔接不紧密，上下活动时胸背板后角明显后突，胸腹板后缘中央有一强大的突起向后延伸到中胸腹板的深凹窝中，可弹跳。叩头虫分布很广，对玉米、麦类等作物危害很大。

图 3-41　中华粒龙虱

图 3-42　叩头虫

5. 萤科（Lampyridae）

萤火虫（*Luciola vitticollis*）（图 3-43），萤火虫体长 0.8 cm 左右，头较小，头部被较大的前胸盖板盖住。身形扁平细长，鞘翅和体壁较柔软，末端有发光器，夜晚时发出荧光；雄虫大多有翅，雌虫无翅，身体比雄虫大，不能飞翔，但荧光比雄虫亮。萤火虫有陆栖和水栖两大类，大多数为陆栖。陆栖萤火虫多栖于植被茂盛、遮蔽度高、相对湿度也高的地方，水栖萤火虫要求栖息区域不能有水污染和灯光污染。

6. 拟步甲科（Tenebrionidae）

赤拟谷盗（*Tribolium castaneum*）（图 3-44），成虫全身赤褐色至褐色，呈椭圆形。头扁阔，体上密布小刻点，背面光滑且有光泽；触角 11 节，锤状，锤端 3 节膨大，复眼黑色。1 年发生 4~5 代，喜温暖地带，以成虫在苇席、包装物、杂物及各种缝隙中越冬，常把卵产在仓库缝隙处。寄主为食用菌、小麦、玉米、稻、豆类等。

图 3-43　萤火虫

图 3-44　赤拟谷盗

7. 瓢虫科（Coccinellidae）

异色瓢虫（*Harmonia axyridis*）（图3－45），身体呈半球形，前胸背板大，覆盖头后部，上颚基部具有齿，端部叉状。触角棒状；雌虫与雄虫体态有差异。雌虫体长5.40～8 mm，宽3.80～5.20 mm。体呈卵圆形，突肩形拱起，体色及斑纹变异较大。头部呈黑色、橙红色或橙黄色。异色瓢虫是我国分布最广的瓢虫之一。幼虫阶段和成虫均可捕食木虱、介壳虫、蚜虫、鳞翅目昆虫的卵和小幼虫。

8. 皮蠹科（Dermestidae）

白腹皮蠹（*Dermestes maculatus*）（图3－46），成虫为长椭圆形，体长6～10 mm，褐色或黑色，有光泽，触角锤状。前胸背板的侧缘和前缘均着生有白毛，腹部大部分密生白毛，由此得名“白腹皮蠹”。其为一种世界性的储藏物害虫，常栖息在各种粮食、油料、豆类、肉干和中药材等储藏物品中。幼虫有钻蛀木头的习性，严重危害木质粮库和一些木质用具。

图3－45 异色瓢虫

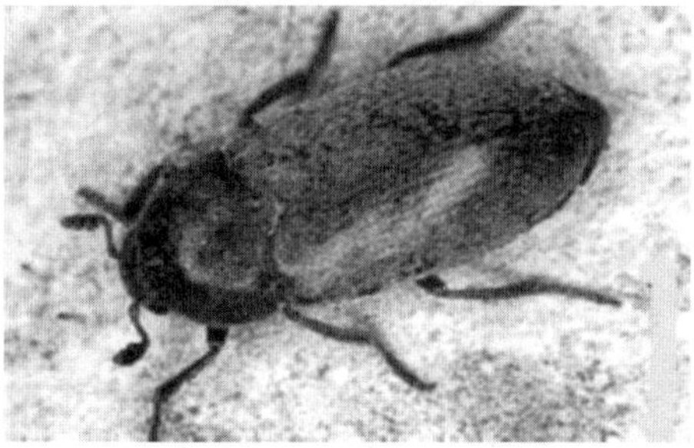

图3－46 白腹皮蠹

9. 金龟子科（Scarabaeoidea）

铜绿金龟子（*Anomala corpulenta*）（图3－47），体长16～22 mm，长卵圆形。触角9节，鳃叶状，黄褐色。头、前胸背板、小盾片及鞘翅铜绿色具闪光，但颜色深浅不一，鞘翅上面有细密刻点。鞘翅每侧具4条纵脉，肩部具疣突。常危害海棠、核桃、柳、杨等树木。有假死性和趋光性，昼伏夜出，产卵于土中。幼虫常危害植物根系，使得叶子萎黄甚至整株枯死，成虫群集直接危害植物叶片。

10. 天牛科（Cerambycidae）

星天牛（*Anoplophora chinensis*）（图3－48），体长50 mm，头宽20 mm。体色漆黑色具光泽；体翅黑色，翅鞘散生许多白点，白点大小个体差异颇大，像星点。触角线状，每节基部有淡蓝色环毛，雄虫触角倍长于体，雌虫稍过体长。前胸背板左右各有一枚白点，中瘤明显，两侧具有尖锐刺突。

成虫一般集中出现于5月至7月，夜晚偶有趋光性。危害柑橘、苹果、樱花、油桐、槐、桑、松等植物。幼虫蛀害树干基部和主根，成虫啃食嫩枝皮层，形成枯梢，也常啃食叶，导致叶片呈缺刻状。

图3－47 铜绿金龟子

图3－48 星天牛

（十三）鳞翅目（Lepidoptera）

蝶类（锤角亚目）（Rhopalocera）：

1. 弄蝶科（Hesperiidae）

直纹稻弄蝶（*Parnara guttata*）（图3－49），又称直纹稻苞虫，成虫体长16～19 mm，翅展28～40 mm，头胸部比腹部稍宽，略带绿色，体和翅均为黑褐色。翅反面色浅，斑纹与正面相近。广布全国各水稻种植区，为间歇性猖獗的害虫，主要发生在六七月份。危害水稻、玉米、甘蔗、茭白、麦类等作物。成虫昼伏夜出，清晨羽化。

2. 粉蝶科（Pieridae）

菜粉蝶（*Pieris rapae*）（图3－50），成虫体长16～24 mm，翅展45～65 mm，体中小型，黑色，胸部密被白色及灰黑色长毛，翅白色。前翅和后翅有白色边缘，基部大部分带黑色，顶角有1大黑斑呈三角形，中室外侧有2个黑色圆斑，前后并列。菜粉蝶属完全变态发育。主要危害十字花科蔬菜，尤以甘蓝、芥蓝、花椰菜等受害比较严重。以蛹越冬，成虫喜欢在白昼强光下飞翔。

图 3－49　直纹稻弄蝶

3－50　菜粉蝶

3. 凤蝶科（Papilionidae）

玉带凤蝶（*Papilio polytes*）（图 3－51），成虫体长 25～28 mm，翅展77～95 mm，雌雄异二型，雌蝶有多种形态，斑纹变化很大，翅黑色。雄蝶只有一个形态，全体以黑色为主，有尾突，前翅各室外缘有一列向顶角由大至小排列状如缺刻的白斑，后翅中部白斑斜列成带状，外缘或配有淡红色新月形斑纹，翅膀正反面相似。

4. 斑蝶科（Danaidae）

虎斑蝶（*Danaus genutia*）（图 3－52），翅展 70～80 mm，翅膀腹面鲜橙色，翅脉和翅边缘为黑色，后翅外缘有 2 列白色小点，内侧有时不明显。前翅端有大的黑色区，区内有一条白色斜带，由 5 个相邻的白色棒状白斑组成。虎斑蝶是有毒的昆虫，由于幼虫以有毒的天星藤为食料，毒素积聚在蝴蝶体内。全年可见，常见于湿地公园内。雄性虎斑蝶常伏于吊裙草上吸食汁液，以制造吸引异性的香气。在冬季里，以群集方式度过寒冬。

图 3－51　玉带凤蝶

图 3－52　虎斑蝶

5. 灰蝶科（Lycaenidae）

小灰蝶（*Deudorix dpijarbas*）（图 3－53），体形较为娇小，有两个特征易于识别：一是大多数小灰蝶的黑色复眼四周有一圈白色的鳞片，看起来很像是戴着一副白框的太阳眼镜；二是其触角多呈黑白相间的对比色。种类多，比较喜欢在日照充足的环境中活动。除了吸取花蜜，很多种类还喜欢群聚吸水。

6. 眼蝶科（Satyridae）

稻眼蝶（*Mycalesis gotama*）（图 3－54），成虫体长 15～17 mm，翅展43～45 mm，成虫头小，复眼周围有长毛，下唇须直长，侧扁而有密毛；翅面暗褐至黑褐色，翅背面灰黄色；前翅正反面第 3、6 室各具 1 大 1 小的黑色蛇眼状圆斑，前小后大；后翅反面具 2 组各 3 个蛇眼圆斑。多分布在高山区，有少数种类在开阔地区活动。

图 3－53　小灰蝶

图 3－54　稻眼蝶

蛾类（异角亚目）（Heteocera）：

7. 麦蛾科（Gelechiidae）

红铃虫（*Pectinophora gassypiella*）（图 3－55），成虫体长约 6.5 mm，翅展约 12 mm。体棕黑色，头顶、颌面浅褐色。唇须浅褐色，上有深褐色形似镰刀的斑。成熟幼虫体长 11～13 mm，头部和前胸的硬皮板呈淡红褐色。1～2 龄幼虫体肉白色，幼虫从 3 龄开始体背侧面出现许多红色斑块，虫体呈橙红色，因此称为“红铃虫”。红铃虫也叫棉花蛆，是棉花的主要害虫之一，也侵害木棉、红麻、锦葵等植物。幼虫危害棉花蕾、花、铃、棉籽，引起落花、落蕾、落铃或烂铃、僵瓣。

A

B

图3－55　红铃虫
（A：成虫；B：幼虫）

8. 菜蛾科（Plutellidae）

小菜蛾（*Plutella xyllostella*）（图3－56），成虫体长6～7 mm，翅展12～16 mm，属于小型蛾类。头部鳞片紧贴或有从毛。前后翅细长，具有长缘毛，两翅接合处呈菱形斑，翅后缘有黄白色三度曲折波状带。触角丝状，褐色有白纹，静止时向前伸，此特征容易与麦蛾相区别。小菜蛾又称小青虫，两头尖，为世界性迁飞害虫，主要危害油菜、白菜等十字花科植物。发生世代多、繁殖能力强、寄主范围广、抗药性水平高，农业上较难防治。

A

B

图3－56　小菜蛾
（A：成虫；B：幼虫）

9. 螟蛾科（Pyralidae）

三化螟（*Tryporyza incertulas*）（图3－57），成虫体长9～13 mm，翅展23～28 mm。雌雄体形有差异，雄蛾前翅为淡灰褐色，翅中央有一较小的黑点。雌蛾前翅为淡黄白色，翅中央有一明显的黑点。螟蛾喜夜晚活动，趋光性强，以老熟幼虫在稻桩内越冬。

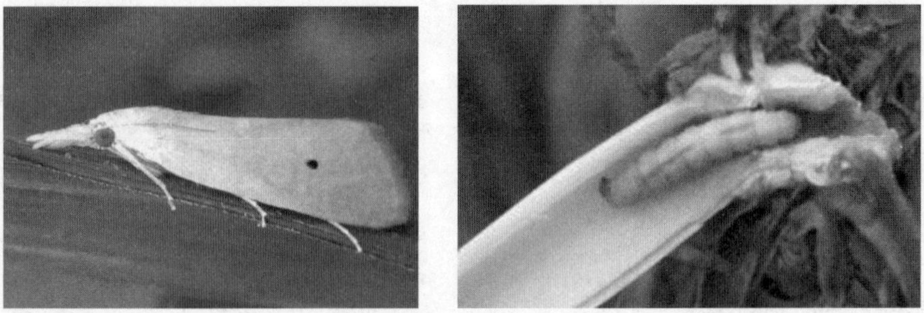

A　　　　B

图 3-57　三化螟
（A：成虫；B：幼虫）

10. 尺蛾科（Geometridae）

油桐尺蠖（*Buasra suppressaria*）（图 3-58），雌成虫体长 24～25 mm，翅展 67～76 mm。头灰白色或黑褐色，触角丝状。体翅灰白色，散布灰黑色的小点。雄成虫体长 19～23mm，翅展 50～61mm。触角羽状，黄褐色，翅基线、亚外缘线灰黑色，腹部细小，其他特征同雌蛾。常寄生在油桐、板栗、核桃等较高大的植物上。

A　　　　B

图 3-58　油桐尺蠖
（A：成虫；B：幼虫）

11. 夜蛾科（Noctuidae）

小地老虎（*Agrotis ypsilon*）（图 3-59），成虫体长 17～26 mm，翅展 40～54 mm。头部、胸部背面褐至黑灰色。触角雌蛾丝状，雄蛾基半部双栉状，但端半部为丝状。头部褐色，体灰褐至暗褐色，体表粗糙，散布大小不一的颗粒。前胸背板暗褐色，臀板上具 2 条明显的深褐色纵带。胸足与腹足均为黄褐色。1 年发生 3～4 代，老熟幼虫或蛹在土内越冬。成虫具趋光性和趋化性，对黑灯十分敏感，喜食糖蜜等带有酸性、甜味的汁液。成虫的活动性与温度相关，通常不在白天活动。

A　　B

图 3－59　小地老虎

（A：成虫；B：幼虫）

12. 舟蛾科（Notodontidae）

杨扇舟蛾（*Clostera anachoreta*）（图 3－60），成虫体长 13～20 mm，翅展 28～42 mm。体灰褐色，头顶有一个黑斑，呈椭圆形。前翅呈扇形，灰褐色，有 4 条灰白色横带；后翅灰白色，中间有一横线。老熟幼虫体长 35～40 mm，身体灰赭褐色，头黑褐色。舟蛾科的幼虫静止时常靠腹足固着，头尾翘起，形似舟，故得名。成虫通常夜晚出来活动，多栖息于叶背面，趋光性较强。春夏之间幼虫常取食杨树、柳树的叶片，严重时把树叶吃光，影响树木生长。由于幼虫繁殖快、分布广、数量多，大发生时极易成灾，为我国园林重要害虫之一。

A　　B

图 3－60　杨扇舟蛾

（A：成虫；B：幼虫）

13. 天蛾科（Sphingidae）

斜纹天蛾（*Theretra clotho*）（图 3－61），体长 40～45 mm，翅展 82～90 mm。体翅灰黄色，上翅单纯淡褐色，翅端至下缘中央有 1 条黑褐色细线。后翅棕黑色，前缘后缘均为棕黄色。头及肩板两侧有白色条纹。胸部背线棕色，腹部第 3 节两侧各有 1 块黑色斑。幼虫圆筒形，身体呈绿色，腹部有两个大眼斑。幼虫体上无显著的毛，每一腹节各分 6～8 个小环节，第 8 腹节背面有一臀角，极易识别。主要寄主有木槿、青紫藤、白粉藤、葡萄科等植物。成虫出现于 6—8 月。通常生活在平地至中海拔山区。夜晚具趋光性。

A

B

图 3－61　斜纹天蛾

（A：成虫；B：幼虫）

14. 刺蛾科（Limacodidae）

中国绿刺蛾（*Latoia sinica*）（图 3－62），成虫体长 12 mm 左右，翅展 21～28 mm。头顶和胸背均为绿色，腹背灰褐色，末端则为灰黄色。幼虫体长 15 mm 左右，绿色。1 年发生 2 代。以老熟幼虫在松土层中结茧越冬。幼虫常危害栀子树、樱桃树、桃树等植物。

A

B

图 3－62　中国绿刺蛾

（A：成虫；B：幼虫）

15. 灯蛾科（Arctiidae）

尘污灯蛾（*Spilarctiaobliqua*）（图 3－63），成虫体形中等大小，整体呈浅黄色。触角黑色，额的两边和下唇须的上方及端部也是黑色，下唇须上方基部为红色。有的胸部背面具一黑带。

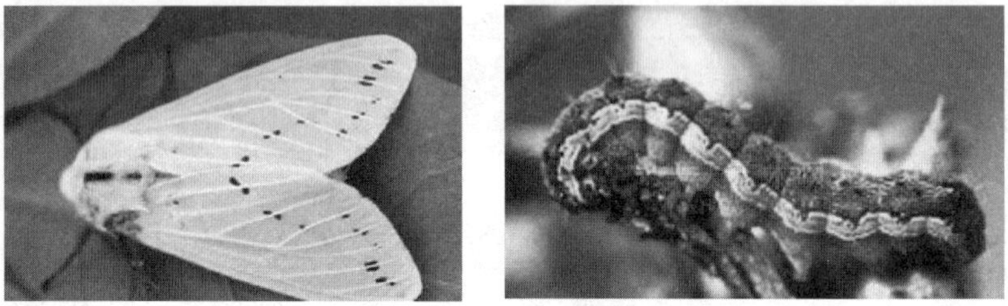

A　　B

图 3－63　尘污灯蛾

（A：成虫；B：幼虫）

16. 枯叶蛾科（Lasiocampidae）

马尾松毛虫（*Dendrolimus punctatus*）（图 3－64），成虫体色变化较大，有深褐、黄褐、深灰和灰白等色。体长 20～32 mm，头小，下唇须突出，复眼黄绿色。雌蛾翅展 43～81 mm，触角短栉齿状。幼虫体长 60～80 mm，深灰色，各节背面有灰白色或橙红色的不规则斑纹。以幼虫取食松针。主要危害马尾松，亦危害黑松、湿地松、火炬松，是我国历史性森林害虫。大发生时成片的松林可在数日内就被吃光，远看如同火烧后的一片枯黄、焦黑，常被称为“不冒烟的森林火灾”。马尾松毛虫危害后易招引松纵坑切梢小蠹、松墨天牛、松白星象等蛀干害虫的入侵，造成松树大面积的死亡。

A　　B

图 3－64　马尾松毛虫

（A：成虫；B：幼虫）

17. 蚕蛾科（Bombycidae）

绿尾大蚕蛾（*Actias selene ningpoana*）（图 3－65），又称绿尾天蚕蛾、月神蛾、燕尾蛾、长尾水青蛾。成虫体长 32～45 mm，翅展 120～140 mm。体粗大，体密被白色绒毛而呈白色。触角黄褐色羽状；复眼大，球形黑色。

1 年发生 2 代，以茧蛹附在树枝或地被物下越冬。成虫昼伏夜出，日落后开始活动，有趋光性。常危害果树、林木如山茱萸、丹皮、杜仲等，是农业害虫。

乌桕大蚕蛾（*Attacus atlas*）（图 3－66），大型蛾类，翅展可达 180～210 mm。前翅顶角显著突出，体翅赤褐色，前后翅的中央各有一个透明无鳞粉的三角形区域，黑色带纹环绕其周围。前后翅的内线和外线白色。前翅末端部分整个区域向外明显地突伸，像蛇头，上缘有一枚黑色圆斑，宛如蛇眼，有恫吓天敌的作用。

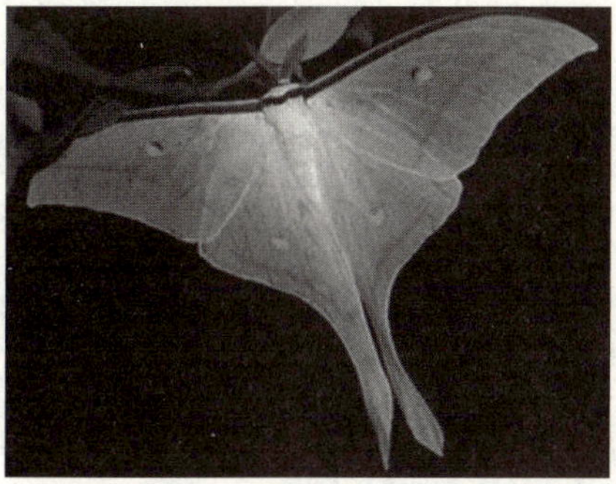

图 3－65 绿尾大蚕蛾

图 3－66 乌桕大蚕蛾

（十四）双翅目（Diptera）

长角亚目（Nematocera）：

1. 蚊科（Culicidae）

（1）致乏库蚊（*Culex fatigans*）（图 3－67）。

体为黄棕色，刺吸式口器，触角与口器近等长，触须短，翅无花斑。属于完全变态类型，幼虫在水中发育，雄性成虫以植物汁液为食，雌性在繁殖期以人畜血液为食。

（2）白纹伊蚊（*Aedes albopictus*）（图 3－68）。

中小型、黑色，有银白色斑纹，触角末端不分节。中胸盾片有白色纵纹，小盾片从前端向后伸达翅基水平。后跗 1～4 节处均有基白环，且末节全白。伊蚊多孳生于树洞、坑洼、水塘、稻田等小型积水中，是登革热、黄热病等虫媒病毒的传播者。

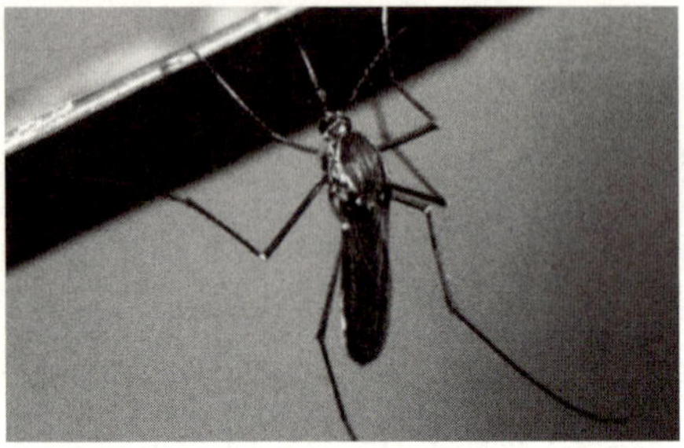

图 3－67　致乏库蚊

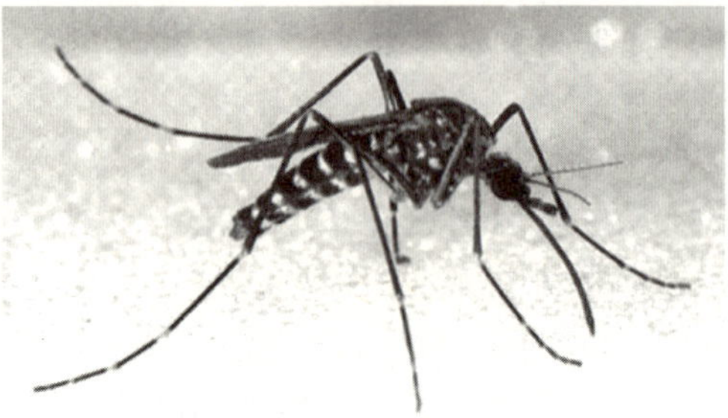

图 3－68　白纹伊蚊

2. 大蚊科（Tipulidae）

牧场大蚊（*Tipula simplex*）（图 3－69），大蚊体形大小不一，体细长且少毛，灰褐至黑色。头较大，无单眼，雄虫触角栉齿或锯齿状，雌虫触角丝状。中胸背板有一“V”形沟，翅狭长，平衡棒细长。足细长，腿节与转节处常易折断。

3. 瘿蚊科（Cecidomyiidae）

麦黄吸浆虫（*Contarinia tritici*）（图 3－70），小麦吸浆虫的一种，雌体长约 2 mm，鲜黄色。卵香蕉形，长 0. 29 mm。幼虫体表光滑，长约 2 mm，姜黄色或黄绿色，前胸腹面有弧形浅裂的剑骨片，腹末端有 2 个突起。幼虫潜伏在颖壳内，可吸食正在灌浆的麦粒汁液，从而造成秕粒、空壳，是一种毁灭性害虫。

吸浆虫的发生与湿度、雨水密切相关，春季雨水充足，有利于越冬幼虫从土壤中破茧、化蛹、羽化、产卵及孵化。主要天敌有蚂蚁、蜘蛛、宽腹姬小蜂、光腹黑蜂等。

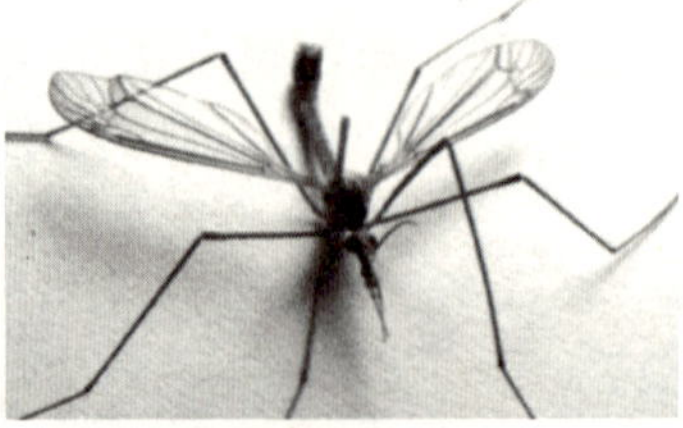

图 3－69　牧场大蚊

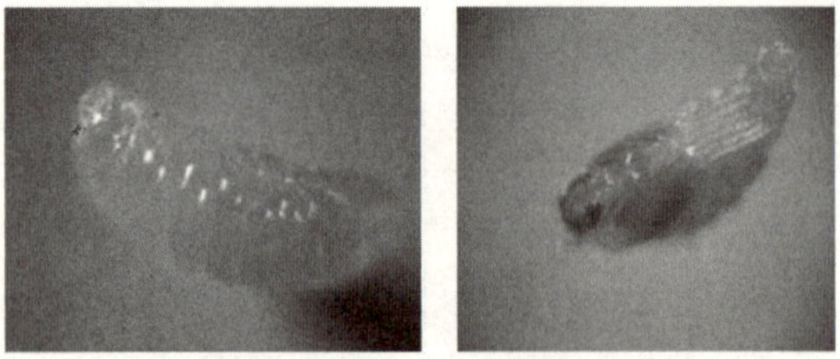

A　B

图 3－70　麦黄吸浆虫
（A：幼虫；B：中蛹）

短角亚目（Brachycera）：

4. 虻科（Tabanidae）

牛虻（*Tabanus bovinus*）（图 3－71），中到大型，有软毛，头大，半球形或略带三角形。复眼发达，部分雄虫接眼式或离眼式，伴有绿红及其他金属光泽；单眼有时消失。触角有长有短，多向前伸出。口器适于刺螯及吸收。翅大且透明，有时着有色彩。足强壮，有爪垫及爪间突。成虫白天活动，飞行迅速。雌虫有强度螯刺能力，能侵袭牛马等厚皮动物，是典型的畜牧业害虫。

芒角亚目（Aristocera）：

5. 食蚜蝇科（Syrphidae）

黑带食蚜蝇（*Episyrphus balteatus*）（图 3－72），雌虫头黑色，被短毛，单眼区后方密覆黄粉，腹部第 5 节背片近端部有一黑横带，其中央可向前伸或与近基部的黑斑相连。成虫飞翔力强，无螯刺或叮咬能力，但常有拟态，在色泽、体形上常效仿蜜蜂或黄蜂，也能做蜂类的螯刺动作。

图 3－71 牛虻

图 3－72 黑带食蚜蝇

6. 蝇科（Muscidae）

家蝇（*Ausca domestica*）（图 3－73），体长约 10 mm，灰黑色，无其他斑纹或色彩，复眼发达，红褐色，全身覆盖细毛，胸背具四条纵纹，鬃较少，触角芒羽状，舐吸式口器。家蝇刚羽化出来时体表比较柔软，躯体呈浅灰色，两翅折叠于背部，只会爬行，当翅膀褶皱状态的伸展及几丁质表皮变硬或变暗后才能飞行。本种是分布最普遍的蝇科。

7. 麻蝇科（Sarcophagidae）

麻蝇（*Sarcophaga carinaria*）（图 3－74），体呈黑色，无金属光泽，多鬃和毛，具有一些格子状花纹，胸部背面灰色而带淡黑条纹，腹部具淡灰色和深灰色格子花纹。成年麻蝇的胸部常有灰黑相间的纵向条纹，而在腹部则呈方格状。多为腐食性，繁殖方式为卵胎生，大部分种类的雌蝇都在粪便、腐肉或是腐败的物质上产蛆，少数会在哺乳动物的伤口或其他昆虫身上产蛆，能传染疾病。

图 3 – 73　家蝇

图 3 – 74　麻蝇

8. 花蝇科（Anthomyiidae）

夏厕蝇（*Fannia canicularis*）（图 3 – 75），成虫体形较小，约 10 mm，体色一般灰黄色、灰黑色或黑色，少数种类有斑纹。通常雄性为接眼，雌性为离眼，少数种类两性眼均接近或均远离。胸背有时具斑纹或暗色纵条，小盾片腹缘常有向下的细毛，下侧片有少数细毛，但无鬃。足上的毛和鬃均为分类鉴定的重要依据。成虫主要栖息在野外的花草上、树林中，很少接近人群。

9. 寄蝇科（Tachinidae）

夜蛾土蓝寄蝇（*Turanogonia smirnovi*）（图 3 – 76），体灰黑色，长约 8 mm，多毛，有斑纹；复眼裸，额比复眼略宽，侧额略宽于间额，触角长，呈膝状；胸部黑色，覆有黄灰色粉被，背面具 5 条黑纵条，翅淡色且透明，翅基发黄，中胸后小盾片显著；腹部卵圆形，有粗大的鬃；足均为黑色，胫节具 2 根前背鬃。

粘虫长芒寄蝇（*Dolichocolon klapperichi*）主要分布在陕西、广东等地区，幼虫可寄生于其他昆虫体内，是林、果、菜害虫的寄生性天敌之一。

图 3－75　夏厕蝇

图 3－76　夜蛾土蓝寄蝇

10. 丽蝇科（Calliphoridae）

红头丽蝇（*Calliphora vicina*）（图 3－77），成虫体长 6～13 mm，多为蓝色，不很光亮；体表有较密粉被，尤其是胸部；雄性是离眼。主要特征是额前方大部分为橙色或红棕色，有黑毛，在口缘处绝大部分为红棕色；前缘基鳞黄褐或褐黑色；上、下腋瓣淡褐色；前气门黄色或橙色。

红头丽蝇是一种病媒性蝇类，会给人类带来多种疾病，主要通过机械携带和生物传播病原体，如破伤风杆菌、口蹄疫病毒、痢疾杆菌、脊髓灰质炎病毒、霍乱弧菌、蠕虫病和蛔虫病等多种疾病。

11. 果蝇科（Drosophilidae）

果蝇（*Drosophila melanogaster*）（图 3－78），体形较小，体长约 3.5 mm，一般具有硕大的红色复眼。雌雄鉴别方法：雌性体形大，体长约 2.5 mm，末端较尖，背面有 5 节环纹，无黑斑，7 节腹片且腹部无黑斑，在第一对足跗节基部无性梳；雄性体形小，末端较钝，背面有 7 节环纹，延续至末端呈黑斑，5 节腹片且腹部有黑斑，有深色后肢，在第一对足跗节基部有黑色鬃毛状性梳。

果蝇类昆虫分布于全世界，并在居室内过冬。由于其体形小，容易穿过纱窗，居家环境内也很常见。它们一般生活在腐烂水果、真菌或肉质的花中。小果蝇对家居装饰材料所散发的有毒气体非常敏感，所以其异常表现可反映室内空气污染。

图3-77　红头丽蝇

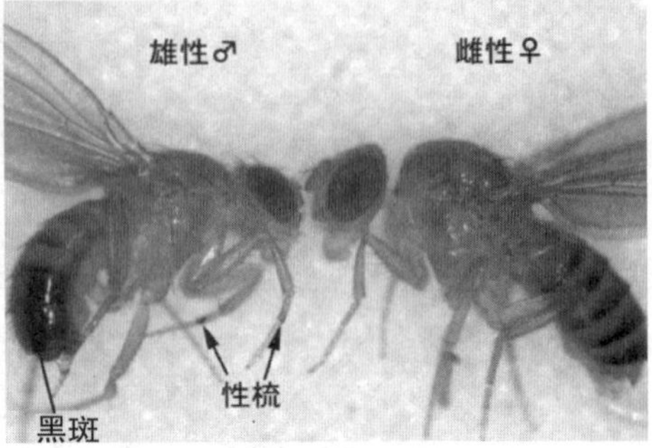

图3-78　果蝇

(十五) 膜翅目 (Hymenoptera)

广腰亚目 (Symphyta):

1. 叶蜂科 (Tenthredinidae)

莫氏细锤角叶蜂 (Leptocimbex mocsaryi) (图3-79), 成虫腹部基部宽大, 不与后胸背板愈合; 各足1~4跗分节具明显的跗垫; 雌虫产卵器发达, 通常呈刀片状, 少数较细长; 幼虫除尾蜂科外均为植食性, 成虫偶尔肉食。莫氏细锤角叶蜂是全变态昆虫, 多为两性生殖, 少数种类有护卵、护崽行为。叶蜂广泛分布于全世界, 全球已知约9 000种, 我国已经记载有约2 450种。

作为典型的植食性类群, 叶蜂幼虫对其寄主植物具有一定的危害性, 但绝大部分种类不会对其寄主植物造成明显危害, 仅有少部分种类是农林园艺害虫。

细腰亚目 (Apocrita):

2. 姬蜂科 (Ichneumonidae)

食蚜蝇姬蜂 (*Diplozon laetatorius*) (图3-80), 头部、胸部均为黑色, 具细刻点, 触角短于体长, 鞭节黄褐色。前翅有明显的翅痣和翅室。前胸背板伸达翅基片。转节2节。前翅有明显的翅痣, 翅近端部有一个特别小的四角形或五角形的小翅室, 它的下面所连的一条横脉称第二回脉。雌虫产卵器短, 不露出腹部末端。

食蚜蝇姬蜂是多种食蚜蝇蛹的寄生天敌, 它是单寄生, 主要活动于菜田、农田。

图3－79 莫氏细锤角叶蜂

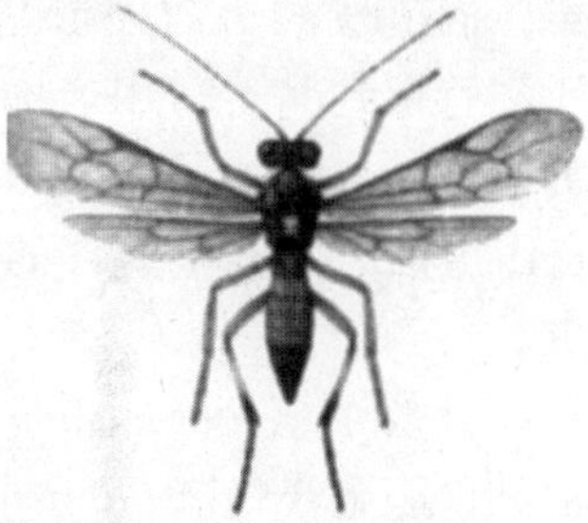

图3－80 食蚜蝇姬蜂

3. 茧蜂科（Braconidae）

麦蛾柔茧蜂（*Habrobracon hebetor*）（图3－81），触角短，念珠状，柄节圆筒形；侧单眼间距比单复眼间距近。翅发达透明，翅痣与翅脉褐色。体具细致的革质状斑纹，被白而短的柔毛。胸部无刻点，盾纵沟弱，平滑；并胸腹节无中纵脊。腹部长度约为头胸部之和。麦蛾柔茧蜂的寄主主要为米蛾、麦蛾、粉斑螟、印度谷螟等仓库害虫幼虫，其首先将卵产于寄主幼虫体表，当麦蛾柔茧蜂幼虫取食发育完成后，就在附近结茧化蛹，聚寄生。

4. 小蜂总科（Chalcidoidae）

广大腿小蜂（*Brachymeria lasus*）（图3－82），雌蜂体长约6 mm，黑色，长有银白色绒毛，头与胸宽度相等，表面有明显的刻点，触角膝状。翅基片黄白色或淡黄色，翅基暗红褐色。寄主主要有稻螟蛉、稻纵卷叶螟、稻苞虫、隐纹稻苞虫、稻眼蝶、大螟、黏虫、白脉黏虫、劳氏黏虫、台湾籼弄蝶等。从蛹、围蛹或茧中羽化而出，单寄生。

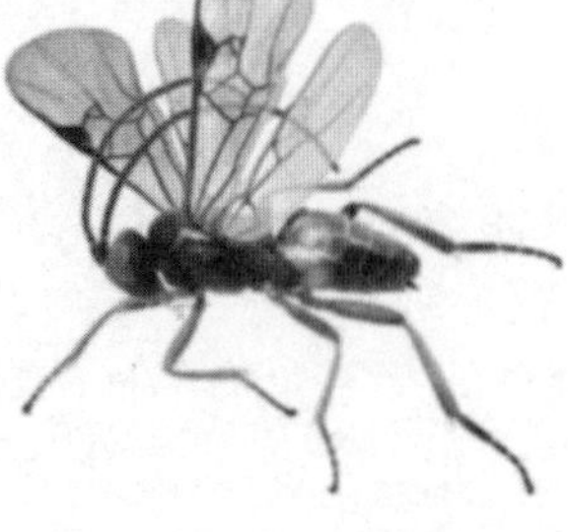

图3－81 麦蛾柔茧蜂

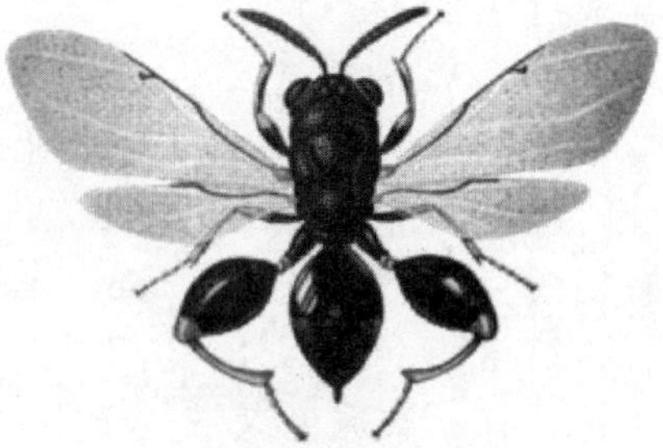

图3－82 广大腿小蜂

5. 赤眼蜂科（Trichogramatidae）

赤眼蜂（*Trichogrammatid*）（图3－83），小型卵寄生蜂，触角短，有嗅觉感受器，柄节较长，与梗节呈肘状弯曲，复眼红色。成虫用触角点触寄主，徘徊片刻后爬到其上，用产卵器向寄主体内探钻，把卵产在寄主卵内，幼虫以卵黄为食，化蛹，最终导致寄主死亡。成虫羽化后，咬破寄主卵壳就可以外出自由生活。实验室繁育的微小赤眼蜂已成功地运用于防治各种鳞翅目农业害虫。

6. 金小蜂科（Pteromalidae）

稻虱食卵金小蜂（*Panstenon sp.*）（图 3－84），体长一般 2 mm，黑褐色，头部较大，具金属光泽，触角丝状，柄节黄色，不长于鞭节。前胸一般横门形，常与中胸同宽，盾侧沟仅于前面部分明显，腹部卵形或近于圆形，并胸腹节上有不规则的脊纹。后足仅有一距，跗节 5 节。幼虫主要寄生于叶蝉或稻飞虱的卵块内，幼虫把整个卵块内的卵粒全部捕食以维持自身的生长发育，随后在叶鞘组织内化蛹，羽化时会在产卵痕附近咬一小圆孔。主要危害水稻等作物。

图 3－83　赤眼蜂

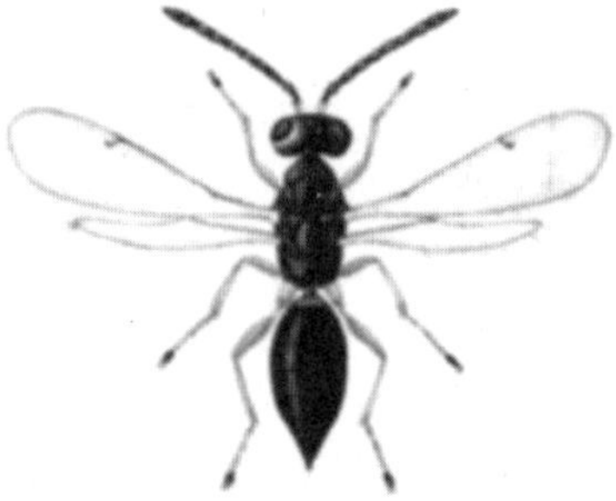

图 3－84　稻虱食卵金小蜂

针尾亚目（Aculeata）：

7. 胡蜂科（Vespidae）

（1）黄边胡蜂（*Vespa crabro*）（图 3－85）。

静止时翅可纵折，复眼内缘凹入，前胸背板伸达肩板，翅脉不达翅缘，腹背常具横纹。蜂后长 25～35 mm，雄蜂及工蜂较为细小。雌蜂体长 22～30 mm，头部除额部颜色较深外，全呈橘黄色，两触角间呈三角形平面隆起，中胸背板黑色，有 1 条棕色纵带位于中央，小盾片矩形，产卵器进化为刺状；雄虫体长 25 mm，唇基端部不具齿，腹部 7 节。

黄边胡蜂除了自卫或保护蜂巢外几乎不带有攻击性，但若被刺中，则会很痛。在果实成熟时会啃食果实，造成减产。

（2）中华马蜂（*Polistes chinensis*）（图 3－86）。

两复眼之间有黑横带，其余均为黄色。前胸前缘中部和后缘边缘覆有黄色茸毛。矩形小盾片，黄色略带棕色斑，两侧各有 1 小黄斑。并胸腹节黑色，中央有 1 沟，两侧有黄色纵带。腹部黑黄相间，第一节基部细。雌蜂长约 16 mm，唇基部及两侧边缘黑色。雄蜂腹部 7 节，中胸背板前缘黄色。

中华马蜂是马蜂的一种，掠食者，捕食毛毛虫为主的无脊椎动物。雌蜂身上有一根有力的长螯针，在遇到攻击或不友善干扰时，会群起攻击，可以致人出现过敏反应和毒性反应，严重者可导致死亡。

图 3－85 黄边胡蜂

图 3－86 中华马蜂

8. 蜾蠃科（Eumenidea）

黄喙蜾蠃（*Rhynchium quinquecinctum*）（图 3－87），翅纵折，葫芦状体形，复眼内缘中部凹入；上颚长，小刀状，左右交叉或突向前方呈喙状；中足基节相互接近；中足胫节 1 端距；爪 2 分叉；后翅有臀叶；营独栖生活。黄喙蜾蠃是捕食性天敌，其寄主昆虫是危害蔬菜的菜青虫。

9. 蚁科（Formicidae）

小黄家蚁（*Monomorium pharaonis*）（图 3－88），体形较小，呈不规则形状，体壁光滑，且具弹性或有微毛，咀嚼式口器，有发达上颚，触角膝状，柄节较长，末端膨大，腹部第 1 或第 1、2 节呈结节状，前足梳状，为净角器（清理触角用），腹部肥大，头部、胸部、腹部前半部棕黄色，腹部后半部棕褐色。

常在厨房、墙壁缝隙等处筑巢栖息，危害较广，食性很杂。该蚁在有传染性的物体上爬行，会直接携带多种病菌，从而传播多种疾病。

图 3－87　黄喙蜾蠃

图 3－88　小黄家蚁

10. 泥蜂科（Sphecidae）

沙蜂（*Ammophila sabulosa*）（图 3－89），身体、腿足均为黑色，体壮，长 2～2.5 cm，触角多为丝状，复眼发达，腹部前端细柄状，腰部细长，前胸背板不达肩板，足细长，腹部 7 节，供辨认的特征是上唇延长，呈三角形，口器喙状，喜欢独居，用沙土筑成巢室。

11. 蜜蜂科（Apidae）

中华蜜蜂（*Apis cerana*）（图 3－90），体形较小，头部、胸部黑色，腹部黄黑色，全身披黄褐色绒毛。蜂王有两种体色：一种是腹节有明显的褐黄环，整个腹部呈暗褐色；另一种的腹节无明显褐黄环，整个腹部呈黑色。雄蜂一般为黑色。飞行灵活，嗅觉灵敏，喜欢迁飞，在缺蜜或受病敌害威胁时特别容易弃巢迁居。抗蜂螨和美洲幼虫腐臭病能力强，但容易感染中蜂囊状幼虫病，易受蜡螟危害。

图 3－89　沙蜂

图 3－90　中华蜜蜂

12. 熊蜂科（Bombidae）

圆熊蜂（*Bombus speciosus*）（图 3－91），中至大型，体粗壮，生有密毛，

唇基隆起，有对一些深冠管花朵的授粉特别有效的长吻，前翅三个亚缘室几乎等大。熊蜂是一种对人类有益的昆虫，对农林作物、野生植物、中草药以及牧草的传粉起一定的作用，尤其是对牧草的传粉效果显著。

图 3-91　圆熊蜂

第三章　两栖纲

两栖纲（Amphibian）是一类原始的、初登陆的、具五趾（指）型的变温四足动物，皮肤裸露，分泌腺丰富，现生的有3目约40科400属4 000种。除南极洲和海洋性岛屿外，遍布全球。我国现有11科40属270余种，主要分布于秦岭以南、华西和西南山区，有水栖、陆栖、树栖和穴居等多种生活方式。

第一节　有尾目

有尾目（Caudata）是终身有尾的两栖动物，一共有8科60属300余种，我国有3科15属约35种。其幼体与成体形态上差别不大，主要包括蝾螈、小鲵和大鲵，主要分布于全北界，非洲热带和大洋洲无有尾目动物。适应于水栖生活，大多生活于淡水水域，也有些种类变态后离水而栖于湿地。生活在池塘、江河、湖泊、山溪、沼泽中的多为半水栖，其他以终生水栖或陆栖为主。

一、隐鳃鲵科（Cryptobranchidae）

仅2属3种，成体保持有鳃裂，体侧有皮肤褶皱以增加皮肤面积用于在水中呼吸，前肢4趾（指），后肢5趾（指）。终生水栖，多见于山间溪流中。隐鳃鲵属（*Cryptobranchus*）仅1种，即隐鳃鲵（*C. alleghaniensis*），分布于美国东部，成体有1鳃孔。大鲵属（*Andrias*），无鳃孔。有2种：日本大鲵（*A. japonicas*）分布于日本；中国大鲵（*A. davidianus*）（图3－92）分布于我国长江流域及黄河、珠江中下游支流中。

图3－92　中国大鲵

中国大鲵，又称娃娃鱼，体为棕褐色并具黑斑，一般身长60～70 cm，体重5～6 kg，最大可达2m以上，分为头、躯干、四肢及尾四部分，为最大的两栖动物；栖息于流水中，张口待鱼、蟹、蛙、蛇等水生动物进入；体外受精，幼体生长缓慢，3 年性成熟；由于其肉嫩鲜美，遭到捕杀，数量较少，为我国二级保护动物，已开展人工繁殖。

二、蝾螈科（Salamandridae）

该科有 24 属 80 种，广布于北非、欧洲、亚洲东部及北美东部和南部。古北界的属种最多。以北半球温带为主，仅少数种类渗入亚洲的亚热带和热带地区。在我国主要分布于秦岭以南。现有 6 属 18 种及亚种。通常全变态，偶有童体型，均有肺，睾丸分叶，肛腺三对，体内受精。

图 3－93　东方蝾螈

东方蝾螈（*Cynops orientalis*）（图 3－93），也称中国火龙，为我国特有种。成体：雄螈全长一般 66 mm，雌螈约 80 mm；其上皮呈黑色凸起，下皮呈橘红色，有黑色斑点。多数为观赏性蝾螈，因其含河豚素，禁止食用及喂食。其躯体较小，泄殖腔孔隆起，孔裂缝长。东方蝾螈生活于海拔 30 ~ 1 000 m 的山区，常栖息于水草繁多的泥地沼泽、静水塘、泉水潭和稻田内及其附近水沟中。

第二节　无尾目

无尾目（Anura）的成体基本无尾，卵一般产于水中，孵化成蝌蚪，用鳃呼吸，经过变态，成体主要用肺呼吸，但多数皮肤也有部分呼吸功能。主要包括两类动物：蛙和蟾蜍。根据成体生活习性，无尾目动物可分为水栖、半水栖、陆栖、树栖、穴居等类群。除南极洲外，广泛分布于各大洲；在温差小、湿度大的中美、南美、非洲热带和亚热带种类最多，个别种达北极圈南缘。除西藏高原西北部（海拔 4 000 m 以上）和沙漠地区未见有分布外，几乎遍布我国各地。

无尾目为现代两栖纲中较为特化、种类最多的一个目，现有 31 科 303 属 3 500 多种。我国已知 7 科（含 8 个亚科），分隶 45 属（含 9 亚属）305 种（含 16 亚种）。

一、蟾蜍科（Bufonidae）

该科有47属495种。蟾蜍科分布广泛，除大洋洲和马达加斯加无分布外，广泛分布于全球温带和热带地区。蟾蜍是适应力很强的动物，可以生活于密林、高山、草原甚至荒漠。行动迟缓拙笨，跳跃的能力远不如蛙类。雄性通常具毕氏器官。

中华大蟾蜍（*Bufo gargarizans*）（图3－94）形如蛙，体粗壮，体长10 cm以上，雄性较小，皮肤粗糙，全身布满大小不等的圆形瘰疣。

二、雨蛙科（Hylidae）

为两栖动物的第二大科，有4亚科40余属近800种。分布广泛，以南美洲和大洋洲最多，亚洲东部、欧洲、北美洲均有分布。主要为树栖，夜行性，也有少数陆栖或穴居小型蛙类，体细瘦，皮肤光滑。我国有9种，另有4属近150种分布于大洋洲，分布于大洋洲的这些成员有时被单列为雨滨蛙科。雨蛙科主要是树栖蛙类，趾（指）端膨大成吸盘，是美洲和大洋洲主要的树栖蛙类，而在亚洲和非洲则被树蛙和非洲树蛙所取代。

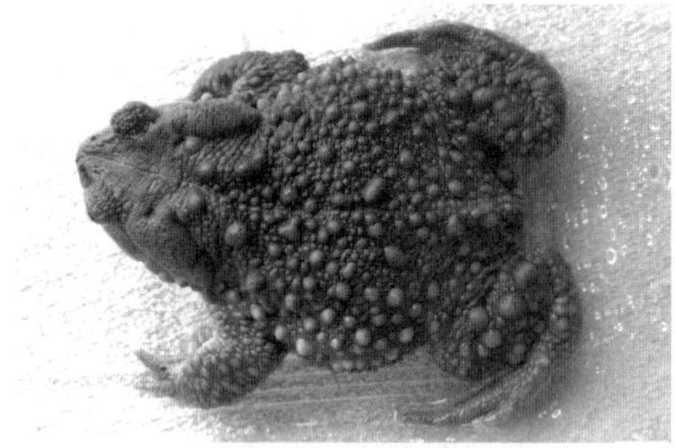

图3－94　中华大蟾蜍

图3－95　虹彩斑足蟾

图 3 – 96　红眼蛙

图 3 – 97　绿雨滨蛙

三、蛙科（Ranidae）

该科约有 50 属 670 种，我国现有 7 属 90 余种。皮肤光滑；上颌有齿，且有犁齿；舌端分叉，可自由活动；鼓膜明显；一般无毒腺；肩带固胸型；椎体既有前凹型又有后凹型，为参差型椎体；荐椎横突。

图 3 – 98　双色蛙

图 3 – 99　沼水蛙

四、树蛙科（Rhacophoridaae）

该科有 8 属 286 种。我国已知 7 属 53 种，分布于秦岭以南，外形及生活习性与雨蛙相似，但两者亲缘关系甚远。末端两趾（指）之间有间介软骨，趾（指）端明显膨大成吸盘，并有马蹄形横沟。树栖，多有筑泡沫卵巢的习性，蝌蚪生活于静水水域内。

图 3－100　布氏树蛙

图 3－101　斑点树蛙

五、姬蛙科（Microhylidae）

该科有 55 属 450 余种，可分为 8～9 亚科。世界性间断分布，包括南美东南部、中美洲、非洲撒哈拉地区及印度尼西亚、新几内亚、澳大利亚北部。我国有 2 亚科 5 属 16 种。中小型陆栖蛙类。头狭而短，口小，大多数种类无上颌齿和犁骨齿；舌端不分叉。无蹼。在静水水域内产卵，卵分散于水面，蝌蚪口位于吻端，常缺乏角质颌和齿唇。常见有花姬蛙（*Microhyla pulchra*）（图 3－102）、安东暴蛙（*Dyscophus antongilii*）（图 3－103）等。

图 3－102　花姬蛙

图 3－103　安东暴蛙

第四章 爬行纲

爬行动物能适应各种各样的生活环境，可营水生、陆生、树栖或地下穴居等多种生活方式，是一类典型的变温动物，体温随着环境温度的变化而变化，因此具有明显的昼夜和季节周期性活动规律，以及冬眠的习性。

一、爬行动物的分类

现代生存的爬行动物全世界约 6 550 种，隶属于 5 个目：喙头目（Rhynchocephaliformes）、龟鳖目（Chelonia）、鳄目（Crocodilia）、蜥蜴目（Lacertiformes）和蛇目（Serpentiformes）。喙头目全世界现存的仅一属一种，即新西兰岛的喙头蜥（Sphenodon punctatus）。我国的爬行动物有 380 多种，除缺喙头目外，其余各目都有分布。其中鳄目，我国仅一科即鼍（短吻鳄）科（Alligatoridae），仅一种，即鼍（扬子鳄）（*Alligator sinensis*）。

二、龟鳖目的鉴别依据和常见种的识别

（一）龟鳖目的鉴别依据

龟鳖目的分类鉴别，科和亚科主要依据骨骼的构造、四肢形状和表皮结构；属种的鉴别还要依据背、腹甲骨板和盾片（角质板）的形状、数目和排列方式，头部皮肤或鳞片的特征，韧带组织的有无，吻突的长短等。龟类的背、腹甲表面多被角质盾片。鳖类背、腹甲表面被革质皮肤。海龟类的四肢呈桨状，指、趾并合，具 1 ~ 2 爪。上述三类有明显区别。

（二）常见种的识别

1. 平胸龟（*Platysternon megacephalum*）（图 3 – 104）

隶属于平胸龟科平胸龟属。俗名：鹰嘴龟、鹦鹉龟、大头龟、山龟等。成年龟背甲长 12 ~ 18 cm，呈椭圆形。龟壳扁平，头大尾长，不能缩入壳内。背甲有棕黄色、褐色、黑色等，背甲颜色与产地、环境、水质有关。尾长几

乎与体长相等。趾间有半蹼，既利于陆地爬行，又便于水中游泳。

平胸龟为水陆两栖动物，喜欢生活在满是巨砾和碎石的、水流湍急的山涧中。主要觅食螺、蚬、贝、虾、鱼、蟹、蛙、昆虫等。4 年左右开始性成熟，4—10 月份产卵。主要分布在我国南方，是我国淡水龟中最特殊的一种，国外分布于越南、老挝、柬埔寨等。

2. 黄喉拟水龟（*Mauremys mutica*）（图 3 - 105）

隶属于龟科拟水龟属。甲长 15 ~ 20 cm，头小，头顶平滑，橄榄绿色，上喙正中凹陷，鼓膜清晰，头侧有两条黄色线纹穿过眼部，喉部淡黄色。背甲扁平，棕黄绿色或棕黑色，具三条脊棱，中央的一条较明显，后缘略呈锯齿状。腹甲黄色，每一块盾片外侧有大墨渍斑。四肢较扁，外侧棕灰色，内侧黄色，前肢五指，后肢四趾，指、趾间有蹼，尾细短。其分布于越南、日本以及我国大陆的东部、南部，海南、云南、台湾等地也有分布，常见于丘陵地带半山区的山间盆地或河流谷地的水域中，或者附近的小灌丛、草丛中。

图 3 - 104　平胸龟

图 3 - 105　黄喉拟水龟

3. 鳄龟（*Macrochelys temminckii*）（图 3 - 106）

属于鳄龟科鳄龟属，是现存最古老的爬行动物，世界最大的淡水龟之一，分为两大种类，俗称大鳄与小鳄。大鳄又名真鳄龟（产自北美洲美国东南部），小鳄又名拟鳄龟。鳄龟长相酷似鳄鱼，头部较粗大，不能完全缩入壳内，脖短而粗壮，颌背长有褐色肉刺。

4. 加拉帕戈斯象龟（*Chelonoidis galapagoensis*）（图 3 - 107）

属于陆龟科象龟属，体长达 1.2 m，雄性体重达 51 ~ 320 kg，为现存体形最大的陆龟，寿命可达 200 年。背甲隆起高，头顶具对称大鳞；方骨后部通常封闭，完全包围了镫骨；上颚骨几乎与方轭骨相接，上颚咀嚼面有或无中央脊。仅分布于加拉帕戈斯群岛的 9 个小岛上。

图 3-106 鳄龟

图 3-107 加拉帕戈斯象龟

三、蜥蜴目的鉴别依据及常见种

（一）蜥蜴目的鉴别依据

蜥蜴目是爬行纲动物中种类最多的一个类群，多数为中小型爬行动物。一般种类四肢发达，趾（指）5 枚，末端有爪，适于爬行和挖掘。少数种类四肢退化或缺失，具长尾。有肩带及胸骨，眼睑可动，舌扁平形，能伸缩，但无舌鞘。陆栖，也有树栖、半水栖或穴居种类。蜥蜴目动物约 3 750 种，分隶于 16 科，除南极洲外，广泛分布于全球。我国已知 9 科 150 多种。

（二）常见种的识别

常见种的主要识别特征简介如下：

1. 大壁虎（*Gekko gecko*）（图 3-108）

俗称蛤蚧，又称仙蟾，属于壁虎科壁虎属，体长可达 30 cm 以上，头长大于尾长，国家二级保护动物。背腹面略扁，头呈扁平三角形；皮肤粗糙，全身密生粒状细鳞；体色有深灰色、灰蓝色、青黑色等，头部、背部有深灰、蓝褐等颜色横条纹，全身散布灰白色、砖红色、紫灰色、橘黄色斑点，尾有白色环纹。栖息于山岩或荒野的岩石缝隙、石洞或树洞内，主要捕食昆虫。大壁虎在我国主要分布于广东、广西、海南及云南等地。国外分布于西起孟加拉，向东到中南半岛各国，南到印度尼西亚、菲律宾等地。

2. 石龙子

为 1 275 种蜥蜴的统称。虽然世界各热带地区（以及北美温带地区）皆有分布，但以东南亚及其附近岛屿上的种类为最多。典型者体呈圆柱形，头为圆锥形，尾长渐尖。最大者体长可达 66 cm，一般不及 20 cm。多隐匿地下或穴居；活动的下眼睑上有一适应地下生活的透明鳞片，使其钻穴时既能视物又能避免粗糙粒子伤害眼睛。

蓝尾石龙子（*Plestiodon elegans*）（图3－109）隶属于石龙子科石龙子属。其幼体尾部的蓝色和背部的五条纵纹是其显著特征，但这2个特征会在成体以后消失。

图3－108　大壁虎

图3－109　蓝尾石龙子

3. 南草蜥（*Takydromus sexlineatus*）（图3－110）

属于蜥蜴科草蜥属，体形修长，有明显的起棱鳞片，背面具4行棱鳞；腹鳞10～12行。南草蜥栖息于长满长草的低地，常见于干燥空旷的地方。主要分布于华中、华南及西南地区。

4. 丽斑麻蜥（*Eremias argus*）（图3－111）

别称蛇虫子、麻蛇子、蝎虎子、蛇虎子，属于蜥蜴科麻蜥属。丽斑麻蜥体形圆长而略扁平，尾圆长，头略扁平而宽，背棕灰夹青、棕绿、棕褐、黑灰等色，腹部乳白色，前额鳞5枚，眶下鳞不达唇缘，背中段小鳞横排42～67，尾长不超过头体长的1.5倍；昼行性，性机敏，行动敏捷，攻击力强，食性广泛，以多种昆虫为食，栖息于平原、丘陵、草原、低山和农区等各种环境中，分布于朝鲜、蒙古、俄罗斯、中国。

图3－110　南草蜥

图3－111　丽斑麻蜥

四、蛇目的常见种

蛇目是仅次于蜥蜴目的爬行动物的第二大类群，已知约2 500种。我国约有200种。蛇目的分布范围甚至比蜥蜴更广泛，主要分布于热带和亚热带，树栖、穴居、淡水和海水中均有。除了各种陆地环境外，还遍及印度—太平洋的温暖海域。蛇目是由早期的蜥蜴目成员进化而来，体形细长，无可活动的眼睑，无耳孔，无四肢，无前肢带，进步的类型也无后肢带。最小长100 mm，最大如南美的水蟒长达10 m以上。

1. 盲蛇亚目（Scolecophidia）

盲蛇亚目，分盲蛇科、异鳞蛇科和细盲蛇科，是最原始的蛇类，多具有后肢带，分布于世界各温暖地区。盲蛇亚目包括一些体形较小的蛇，很多成员身长不到15 cm，但也有少数种类体形较大。

钩盲蛇（*Ramphotyphlops braminus*）（图3－112）：又名入耳蛇，属于盲蛇科钩盲蛇属，是一种无毒蛇种。它体小如蚯蚓，眼退化，隐存于皮下。

2. 原蛇亚目（Henophidia）

又称蟒蛇亚目，是大中型的原始蛇类，多有后肢带残余，可分为蟒蚺科、亚洲筒蛇科、闪鳞蛇科等。原蛇亚目主要分布于热带地区，集中分布在亚洲南部到大洋洲一带，种类不多，有些类群分类争议较大。

蟒蛇（*Python molurus*）（图3－113），又称为水蚺，是当今世界上较原始的蛇种之一，体形粗大而长。现为国家一级重点保护的野生动物。蟒蛇属于树栖性或水栖性蛇类，生活在热带雨林和亚热带潮湿的森林中，为广食性蛇类。

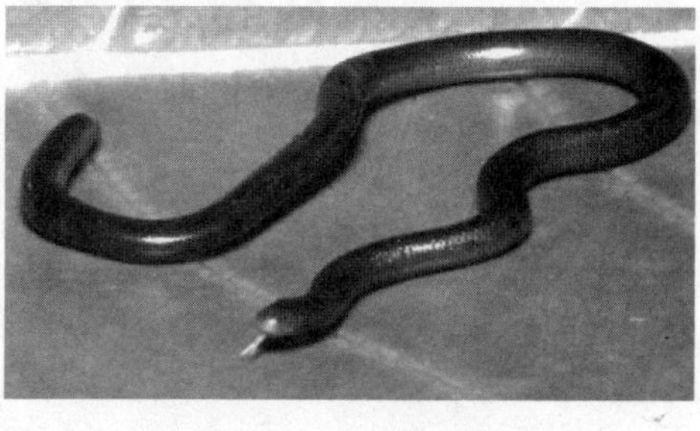

图3－112 钩盲蛇

图3－113 蟒蛇

3. 新蛇亚目（Caonophidia）

属于进步的蛇类，肢带已经完全消失，一些种类还进化出了毒牙和毒腺，成为高效率的捕食者。新蛇亚目包括现存的全部毒蛇和大多数无毒蛇，其分布非常广泛，世界上大多数地方均能见到。该亚目可进一步分为游蛇科、眼镜蛇科（有眼镜蛇亚科、扁尾蛇亚科和海蛇亚科）和蝰蛇科（有白头蝰亚科、蝰亚科和蝮亚科）。

王锦蛇（*Elaphe carinata*）（图 3 – 114），也称为臭王蛇、黄喉蛇、黄颌蛇、锦蛇等，是一种游蛇科蛇类。体大凶猛，但无毒，遇到同类会相互残杀。主要特征为头部有“王”字样的黑斑纹，故有“王蛇”之称。金环蛇（*Bungarus fasciatus*）（图 3 – 115），俗称金甲带、金包铁、金脚带等，是眼镜蛇科环蛇属的一种，也是毒性很强的蛇。

图 3 – 114 王锦蛇

图 3 – 115 金环蛇

第五章　鸟　纲

鸟纲（Aves）体均被羽，恒温，卵生，胚胎外有羊膜。前肢成翼，有时退化。多营飞翔生活。地球上的鸟类分为六大生态类群，即游禽、涉禽、攀禽、走禽、猛禽、鸣禽。全世界已发现有 9 021 种；我国有 1 186 种。

第一节　鸟纲实习的基础知识

一、观鸟所需器具

（1）望远镜。鸟类对人的警惕性很高，观鸟需借助工具如望远镜来完成。望远镜又分为双筒望远镜与单筒望远镜，而前者是观鸟必备的基本器材。选择望远镜的基本原则是视野宽、体积小、质量轻而便于携带，通常 7 ~ 10 倍的双筒望远镜是观鸟者的首选。对于观察远距离、较长时间停留在一地的鸟类，如湖泊中栖息的鹭类、雁鸭类等，需借助 20 ~ 60 倍的单筒望远镜和起支撑作用的三脚架。但单筒望远镜不太适用于观察山林等地区活跃的鸟类。

（2）照相机。随着数码相机技术的不断发展以及价格的下降，大容量存储的长焦单反数码相机已成为鸟类摄影爱好者的必备工具。对于动物学野外实习而言，配备一部中等配置的长焦单反数码相机，可以弥补望远镜不能保存观察鸟类记录的缺点，从而大大提高实习效果。一般而言，400 mm 焦距的镜头足以满足大部分拍鸟需求，太长的镜头反而不便携带。

（3）鸟为图鉴。对于观鸟入门者，除了望远镜，一本便携的鸟类图鉴也是必不可少的。鸟类图鉴是用来辨识鸟种的参考工具书，可以借助鸟类图鉴的科学分类系统和专业图片“看图识鸟”，帮助观鸟者短期内从形态学上把握鸟类的特征。鸟类图鉴一般分为手绘图鉴和照片图鉴，前者结构详细，后者则更接近真实，两者各有特色。对于入门者，照片图鉴更为合适。此外，鸟类图鉴常有地域性，选择时应注意使用范围。常用的鸟类图鉴有《野外观鸟手册》《中国鸟类野外手册》等。对于对鸟类特别感兴趣的学生，可以引导学生查阅鸟类学专业书籍，如《中国鸟类特有种》《中国鸟类分类与分布名录》

《鸟类学》等。

（4）其他。地图、GPS定位仪、记录本、录音机、双肩背包等。

二、鸟类的野外识别方法

鸟类通常是非常活跃的，往往刚刚进入视线，瞬间就没了影儿。因此，初学者需要掌握一定的鸟类野外识别方法。

（一）形态特征

1. 体形大小

观鸟首先看到的是体形大小。鸟类的体形大小虽没有客观标准，但可大致分为大、中、小三个级别，分别如白鹭、珠颈斑鸠、暗绿绣眼。描述鸟类时可用熟知鸟类的大小为标准进行比较，可较为准确地判断其所属类群。

与柳莺体形相似的有：树莺、苇莺、太阳鸟、绣眼鸟等。

与麻雀体形相似的有：文鸟、山雀、朱雀等。

与八哥体形相似的有：椋鸟、鸫等。

与喜鹊体形相似的有：灰喜鹊、红嘴蓝雀、乌鸦、杜鹃等。

与鹤体形相似的有：鹭、鹳等。

与老鹰体形相似的有：隼、鹞等。

2. 嘴与足

鸟类的嘴形与足形丰富多变，与其食性和生活方式密切相关。根据鸟类的生活习性及形态特点，可将其大致分为鸣禽、攀禽、陆禽、猛禽、涉禽和游禽。

鸣禽类：鸣管和鸣肌特别发达。一般体形较小，体态轻捷，活泼灵巧，善于鸣叫和歌唱，且巧于筑巢，如百灵鸟。鸣禽是数量最多的一类，占世界鸟类数的3/5。

攀禽类：嘴、脚和尾的构造都很特殊，以适应攀缘。嘴尖利如凿，脚强健有用，两趾向前、向后，适于攀树，尾羽轴坚韧，起支撑体重作用，如啄木鸟。

陆禽类：体格结实，嘴坚硬，脚强而有力，适于挖土，多在地面活动觅食，如孔雀等。

猛禽类：具有弯曲如钩的锐利的嘴和爪，翅膀强大有力，能在天空翱翔或滑翔，捕食空中或地下活的猎物，如鹰。

涉禽类：嘴、颈和脚都比较长，脚趾也很长，适于涉水行进，不会游泳，常用长嘴插入水底或地面取食，如鹭。

游禽类：具有遍阔或尖的嘴，脚趾间有蹼膜，走路和游泳向后伸，善于游泳、潜水和在水中获取食物。不善于在陆地上行走，但飞翔迅速，多生活在水上，如鸥等。

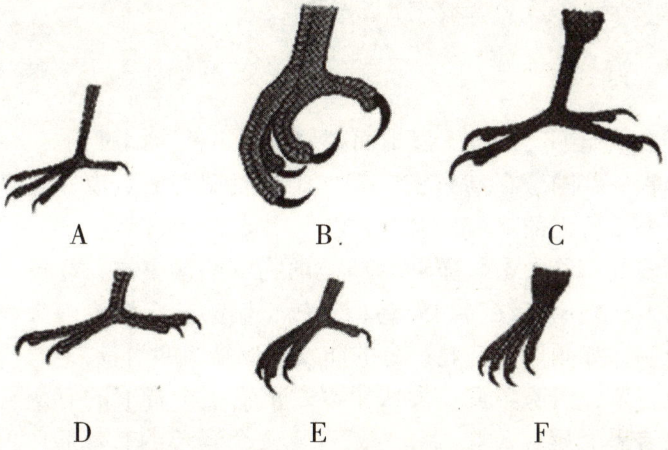

图 3－116 鸟趾的主要类型

（A：不等趾型；B：不等趾型；C：对趾型；D：异趾型；E：并趾型；F：前趾型）

（二）羽色

观察鸟类的羽毛颜色时，因逆光看，其颜色大多近似于黑色，容易产生错觉，故应顺光观察。除注意整体颜色之外，还要在短时间内看清头、背、尾、胸等主要部位，并抓住一两个显要特征，如头颈、眉纹、眼圈、翅斑、腰羽及尾端等处的鲜艳或异样色彩。例如：

黑色为主者：鸬鹚、红骨顶、董鸡、噪鹃、黑卷尾、小嘴乌鸦等。

黑白两色相嵌者：白鹳、黑鹳、白翅浮鸥、丹顶鹤、斑啄木鸟、鹊鹞、喜鹊、八哥、家燕等。

白色为主者：天鹅、白鹭及朱鹮等。

灰色为主者：灰鹤、杜鹃、岩鸽及灰卷尾等。

灰白两色相嵌者：苍鹭、夜鹭、银鸥、红嘴鸥、白胸苦恶鸟、灰山椒鸟等。

蓝色为主者：蓝翡翠、翠鸟、三宝鸟、红嘴蓝鹊、红尾水鸲、蓝矶鸫等。

绿色为主者：绯胸鹦鹉、栗头蜂虎、绿啄木鸟、红嘴相思鸟、绣眼鸟及柳莺等。

黄色为主者：黄鹂、黄腹山雀、金翅等。

红色或锈红色为主者：红腹锦鸡、赤红山椒鸟（雄）、黄腰太阳鸟，朱雀（雄）、红隼、棕背伯劳和锈脸钩嘴鹛等。

褐色或棕色为主者：雁、鸭、鹰、鹬、斑鸠、伯劳、鸫、画眉、苇莺、扇尾莺等。

（三）鸣声

鸟类在繁殖期间，由于发情而频繁鸣啭，其声因种而异，各具独特音韵。据此可识别一些隐蔽在高枝密叶间，难以发现的或距离较远，不易看清的鸟类。在野外常听到的鸣声，大致有以下几类：

宛转多变：绝大多数雀形目鸟类的鸣啭韵律丰富，悠扬悦耳，但各有差异，如百灵、画眉、红嘴相思鸟、乌鸫、鹊鸲、八哥及白头鹎等。有的能仿效他鸟鸣叫，如画眉、乌鸫；有的能发出像猫叫的声音，如黄鹂。

重复音节：清脆单调，多次重复。重复一个音节的有灰喜鹊等；重复两个音节的有黑卷尾、黄腹山雀等；重复三个音节的有戴胜、大山雀等；重复四个音节的有四声杜鹃等；重复五六个音节的有小杜鹃等；重复八九个音节的有冠纹柳莺等。

如吹哨声：响亮清晰，或轻快如铃，如山树莺。

尖细颤抖：多为小型鸟类，飞翔时发出的叫声，似摩擦金属或昆虫翅膀，既颤抖又尖细拖长，如翠鸟、小尾燕等。

嘶哑：叫声单调、嘈杂、刺耳，如雉鸡、野鸭、绿啄木鸟、三宝鸟、大嘴乌鸦、伯劳等。

低沉：单调轻飘的如斑鸠；声如击鼓的如董鸡等。

以上几种在野外识别鸟类的方法，必须灵活运用，不能单凭一种方法。对一些善于鸣叫的鸟类，常循其鸣声，再走近观察形态与颜色，以确切辨认。

（四）鸟的姿态

鸟的飞翔姿态也是野外鉴别的重要依据。如鸭类、乌鸦通常是直线飞行，而鹡鸰、鹀等则波浪式飞行。普通鵟等猛禽在空中盘旋、长时间滑翔；红嘴蓝雀、松鸦等喜森林间穿行。燕、雨燕等飞行迅速而急促转向；小云雀等则垂直起飞与降落。

一些鸟停落时尾羽抖动姿态不同，也可加以准确识别。水鸲、溪鸲停落时，喜欢把尾羽展开再合拢，还会上下抖动。鹡鸰则常左右打动尾羽。伯劳不仅上下打动尾羽，有时还会画圈般摇动。旋木雀、啄木鸟等常攀缘在树干上，猛禽类栖息时挺胸直立等。

第二节 粤闽常见鸟类的识别

一、䴙䴘目（Podicipediformes）

䴙䴘目，只有 1 科即䴙䴘科（Podicipedidae）。科下有 6 属 22 种。䴙䴘分布广泛，几乎遍及全球。平时栖息于水草丛生的湖泊。主要在淡水湖区域繁殖，在水边筑巢，是游泳和潜水的好手，以鱼为食。

图 3－117 小䴙䴘

小䴙䴘（*Podiceps ruficollis*）（图 3－117）

体长 25～29 cm。上体黑褐色而有光泽；眼先、颊、颏和上喉等均黑色；下喉、耳区和颈棕栗色；上胸黑褐色，羽端小，外形苍白色；下胸和腹部银白色；尾短，呈棕、褐、白等色相间。精通游泳和潜水。营巢于沼泽、池塘、湖泊等中。多以鱼虾、水生昆虫为食。性怯懦，极少上岸，一遇惊扰，立即潜入水中，很久后才将头部露出水面。

二、雁形目（Anseriformes）

雁形目，通常被称为“鸭”或“雁”，包括鸭、潜鸭、天鹅、鹅以及各种雁类等鸭雁类（或雁鸭类）的鸟。雁形目的鸟都是游禽，在世界分布广泛。

鸭科是游禽类最大的一科，包括雁形目绝大多数的鸟类，多达共 44 属 156 种，除南极之外世界各地都有分布。

1. 赤麻鸭（*Tadorna ferruginea*）（图 3－118）

鉴别特征：体长 51～68 cm。全身以赤黄褐色为主，翅上有明显的白色翅斑和铜绿色翼镜；嘴、脚、尾黑色；雄鸟在繁殖期有一黑色颈环。

习性：常结大群活动，栖息于开阔湖泊、农田等环境中，以各种谷物、嫩芽、昆虫、蛙、虾等为食。

2. 绿头鸭（*Anas platyrhynchos*）（图 3－119）

鉴别特征：体长 47～62 cm。雄鸟嘴黄绿色，脚橙黄色，头和颈灰绿色，颈部有一明显的白色颈环。上体黑褐色，腰和尾上覆羽黑色，两对中央尾羽亦为黑色，且向上卷曲成钩状；外侧尾羽白色。翼镜上下缘具宽的白边，飞行时极醒目。雌鸭嘴黑褐色，嘴端暗棕黄色，脚橙黄色，具有紫蓝色翼镜及翼镜前后缘宽阔的白边。

习性：通常结群栖息于淡水湖畔、江河、水库和沿海滩涂盐场等水域。以植物为主食，也吃螺、虾和昆虫等。

图 3－118　赤麻鸭

图 3－119　绿头鸭

3. 斑嘴鸭（*Anas poecilorhyncha*）（图 3－120）

鉴别特征：属大型鸭类，体形大小和绿头鸭相似，体长 50～64 cm，体重 1 kg 左右。雌雄羽色相似。上嘴黑色，先端黄色，脚橙黄色，脸至上颈侧、眼先、眉纹、颏和喉均为淡黄白色。

习性：通常栖息于各种水境觅食。以水生植物为主食，也吃无脊椎动物和甲壳动物。

4. 鸳鸯（*Aix galericulata*）（图 3－121）

鉴别特征：体长 38～45 cm。雌雄异色。雄鸟色彩丰富，嘴红色，脚橙黄色，羽色鲜艳而华丽，头具艳丽的冠羽，眼后有宽阔的白色眉纹，翅上有一对栗黄色帆状直立羽，非常醒目。雌鸟嘴灰色，脚近黄色，上体灰褐色，眼周白色，其后连一细的白色眉纹。

习性：主要栖息于山地森林、河流、湖泊、水塘、芦苇沼泽和稻田地中。食性杂。

图 3－120　斑嘴鸭

图 3－121　鸳鸯

三、隼形目（Falconiformes）

隼形目包括鸮形目以外的所有猛禽，是白天活动的猛禽。隼形目多为单独活动，飞翔能力极强，也是视力最好的动物之一。隼形目与其他大多数鸟类不同，雌鸟往往比雄鸟体形更大。隼形目有 5 科，即鹰科、隼科、美洲鹫科、鹗科、蛇鹫科，共 80 属 321 种。其中，我国有 2 科。这一目中的鸟包括常说的鹰、隼、鹫、雕、鹫、鸢等。隼形目都是肉食性，体态雄健，在各国的文化中具有神话色彩，受到人们的爱戴。

1. 鹰科（Accipitridae）

该科有 63 属 239 种，可分为 10 个亚科。世界性分布，包括鹰、雕、鹞、兀鹫等。喙切缘具弧状垂突，适于撕裂猎物吞食，基部通常被蜡膜或须状羽。翅强健，翅宽圆而钝，善于在高空持久盘旋翱翔。食肉性或食腐性。我国有共 20 属 46 种。

（1）黑翅鸢（*Elanus caeruleus*）（图 3－122）。

鉴别特征：体长 33 cm。上体蓝灰色，下体白色。眼先和眼周具黑斑，肩部亦有黑斑，飞翔时初级飞羽下面黑色，和白色的下体形成鲜明对照。尾较短，平尾，中间稍凹，呈浅叉状。脚黄色，嘴黑色。

习性：多为留鸟。常单独在早晨和黄昏活动，白天常见停息在开阔原野、农田和草原地区的大树树梢或电线杆上等待觅食，有时也在空中盘旋、翱翔。

（2）雀鹰（*Accipiter nisus*）（图 3－123）。

鉴别特征：体长 30～41 cm。雌鸟灰褐色，较雄鸟略大，头后杂有少许白色，下体白色，翅阔而圆，尾较长，具褐色横斑。雄鸟上体暗灰色，具细密的红褐色横斑。

习性：栖息于针叶林、混交林、阔叶林等山地森林和林缘地带。常单独生活。狩猎时常先静立于树木枝杈间或电柱上，发现猎物后飞出猛追。以雀形目小型鸟类、鼠类等为食。

图 3－122　黑翅鸢

图 3－123　雀鹰

（3）普通鵟（*Buteo buteo*）（图 3－124）。

鉴别特征：体长 50～59 cm。羽色多样，上体以暗褐色为主，下体以暗褐色或淡褐色为主，具深棕色横斑或纵纹；尾淡灰褐色，具多道暗色横斑。飞翔时两翼宽阔，初级飞羽基部有明显的白斑，尾散开呈扇形。翱翔时两翅微向上举呈浅“V”字形。

习性：主要栖息于山地森林和林缘地带，常见在开阔平原、荒漠、开垦的耕作区、林缘草地和村庄上空盘旋翱翔。主要以森林鼠类为食，也吃小鸟、大型昆虫等。

（4）苍鹰（*Accipiter gentilis*）（图 3－125）。

鉴别特征：是中小型猛禽。体长可达 60 cm，翼展约 1.3m。头顶、枕和头侧黑褐色，枕部有白羽尖，眉纹白杂黑纹；背部棕黑色；胸以下密布灰褐和白色相间横纹；尾灰褐色，有 4 条宽阔黑色横斑，方形。飞行时，双翅宽阔，翅下白色，但密布黑褐色横带。雌鸟显著大于雄鸟。

图 3－124　普通鵟

图 3－125　苍鹰

2. 隼科（Falconidae）

该科包括卡拉鹰和各种隼类，有 10 属 58 种，我国有 2 属 12 种。隼类广布于世界各地，飞翔技术高超，常常在空中捕食，捕猎技术高超，常被人们饲养用于狩猎，因而导致数量下降。其中游隼是俯冲速度最快的鸟类，也是分布最广泛的鸟类之一，在南极以外的各大陆都有分布，但数量非常稀少。

（1）红隼（*Falco tinnunculus*）（图 3－126）。

鉴别特征：体长 31～34 cm。两性色型差异，雄鸟的颜色更鲜艳。雄鸟头顶、头侧、后颈、颈侧蓝灰色；背、肩和翅上覆羽砖红色而具黑色横斑；腰和尾上覆羽蓝灰色，具纤细的暗灰褐色羽干纹。尾蓝灰色，具宽阔的黑色次端斑和窄的白色端斑。下体皮黄色具黑色纵纹。雌鸟上体褐色，密布黑褐色横斑，下体棕色具褐色纵纹。

习性：栖息于山地和旷野中，多单个或成对活动，飞行较高。飞行常在空中定点悬停，善于在飞行中追捕猎物。以大型昆虫、鸟和小型哺乳动物为食。繁殖期一般是利用喜鹊、乌鸦等的旧巢。

（2）燕隼（*Falco subbuteo*）（图 3－127）。

鉴别特征：俗称青条子、蚂蚱鹰、青尖等，体形比猎隼、游隼等都小，为小型猛禽，体长 28～35 cm，体重为 120～294 g。上体为暗蓝灰色，有一个细细的白色眉纹，颊部有一个垂直向下的黑色髭纹。

习性：栖息于接近林地的开阔原野。飞行快速而敏捷，停息时大多在高大的树上或电线杆的顶上，捕食小鸟和大型昆虫。

图 3－126　红隼

图 3－127　燕隼

四、鸡形目（Galliformes）

鸡形目在生物分类学上是鸟纲中的一个目，包括2 亚目7 科276 种。人们通常把这一目的鸟中体形较大种的统称为“鸡”，体形较小的一些种类称为“鹑”。由于这一目的鸟腿强健，擅长在地面奔跑，按生活习性，被称为“陆禽”。

1. 雉科（Phasianidae）

雉科包括鸡形目绝大多数成员，多达 26 属 166 种，我国有 21 属 49 种。雉科分为鹑和雉两大类，尤以西南地区为多，拥有世界近 1/3 的种类，其中大约 1/3 是我国的特产种，超过一半的种类是国家重点保护野生动物，素有“雉类王国”之称。原产于东南亚的原鸡（*Gallus gallus*）已被驯化成家鸡。

（1）鹌鹑（*Coturnix coturnix*）（图 3－128）。

鉴别特征：体长 18 cm。体小而滚圆，褐色带明显的草黄色矛状条纹及不规则斑纹，雄雌两性上体均具沙褐色及黑色横斑。雄鸟颏深褐，喉中线向两侧上弯至耳羽，紧贴皮黄色项圈。皮黄色眉纹与褐色头顶及贯眼纹成明显对照。

习性：常成对活动在生长着茂密的野草或矮树丛的平原、荒地、溪边及山坡丘陵。食性以杂草种子、豆类、谷物及浆果、嫩叶等为主，夏天也吃昆虫及小型无脊椎动物等。

（2）灰胸竹鸡（*Bambusicola thoracica*）（图 3－129）。

鉴别特征：体长 33 cm。雌雄相似。喙黑色或近褐色，额与眉纹为灰色，头顶与后颈呈嫩橄榄褐色且具较小的白斑，胸灰色，呈半环状，下体前部为栗棕色，后渐转为棕黄色，肋具黑褐色月牙形斑。上体黄橄榄褐色。嘴和脚铅灰色。

习性：常成群活动。栖息于海拔2 000 m以下的低山丘陵和山脚平原地带的竹林、灌丛和草丛中，也出现于山边耕地和村屯附近。取食地和栖息地较固定，领域性较强。主要以植物幼芽、嫩叶、果实、种子等为食，也吃昆虫和其他无脊椎动物。

图3－128 鹌鹑

图3－129 灰胸竹鸡

（3）环颈雉（*Phasianus colchicus*）（图3－130）。

鉴别特征：因颈部下方有一圈显著白色环带得名。雄鸟头顶灰褐色，缀铜绿色光泽，眉纹白色。上体紫红色，下背和腰多为蓝灰色；胸部为带紫的红铜色，具有金属光泽；腹部黑绿色；尾羽黄灰色，且排列着黑色横斑。雌鸟的羽色为砂褐色或棕黄色。

习性：善于奔跑，单独或结小群活动。以植物的嫩叶、嫩芽、草茎、果实、种子和昆虫为食。现已大量人工饲养。

（4）白鹇（*Lophura nycthemera*）（图3－131）。

鉴别特征：雄性体长约110 cm，雌性约65 cm。头顶具冠。嘴粗短而强壮，尾长。雌雄异色；雄鸟上体白色而密布以“V”形黑纹，头上具长而厚密、状如发丝的蓝黑色羽冠披于头后；脸裸露，赤红色；尾长、白色，两翅亦为白色。下体黑色，脚鲜红色。雌鸟羽色暗淡，上体橄榄褐色，下体棕白色。

习性：栖息于茂密森林、竹林和沟谷雨林。食种子、茎叶和昆虫等。通常成对或结小群活动，性机警，夜间上树休息。繁殖期筑巢于灌木丛间的地面凹处。

图 3－130　环颈雉

图 3－131　白鹇

2. 珠鸡科（Numididae）

该科有 4 属 7 种。珠鸡分布于非洲大陆和马达加斯加岛，雌雄羽色相似，为黑色基底上遍布白色斑点，如同珍珠。有些种类已被驯化成家禽。

珍珠鸡（*guinea fowl*）（图 3－132）：

鉴别特征：又称珠鸡、山鸡、几内亚鸟。其头小，面部淡青紫色，喙强而尖，喙尖端淡黄色，后部红色，在喙的后下方左右各有一个心状肉垂。眼部四周无毛，有一圈白色斑纹直延至颈上部。

习性：成年珍珠鸡喜干厌湿、耐高温、抗寒冷、抵抗疾病能力强。野性尚存。善飞翔、爱攀登、好活动。性情温和、胆小易惊、机警，周围一有异常或动静，均可引起其整群惊慌。

3. 吐绶鸡科（Meleagrididae）

该科是大型鸡类，头、颈具肉冠，羽毛有金属光泽。吐绶鸡科分布于北美洲南部，有 2 属 2 种，为火鸡（吐绶鸡）和眼斑吐绶鸡。

火鸡（*Meleagris gallopavo*）（图 3－133）：

鉴别特征：亦称吐绶鸡，比家鸡大 3～4 倍，体长 110～115 cm。翼展 125～144 cm，体重 2.5～10.8 kg。嘴强大稍曲。头颈几乎裸出，仅有稀疏羽毛，并着生红色肉瘤，喉下垂有红色肉瓣。背稍隆起。体羽呈金属褐色或绿色，散布黑色横斑；两翅有白斑；尾羽褐或灰色，具斑驳，末端稍圆。

习性：栖息于水边林地，喜欢群居生活，性情温顺，行动迟缓。以植物的茎、叶、种子和果实等为食，也吃昆虫等，偶尔也吃蛙和蜥蜴。它们受惊时会迅速跑到隐蔽地方，飞翔力较强，能飞 500～2 000 m 远。夜间结群宿在树上。

图 3－132 珍珠鸡

图 3－133 火鸡

五、鹤形目（Gruiformes）

该目现存 8 亚目 12 科 189 种。其中有些科分布非常广泛，多数科则局限于狭小的地区，有些种类分布限于一些偏僻的海岛，甚至失去了飞翔能力。除少数种类外，概为涉禽。鸟类体形大小差别很大，有最大型的飞禽，也有很小型的种类。鹤形目中不少成员都是濒危物种，特别是那些分布于海岛的种类。

1. 秧鸡科（Rallidae）

该科有 34 属 148 种，包括秧鸡、田鸡、苦恶鸟、水鸡、骨顶鸡等，分布遍及世界各地，是涉禽中种类最多、分布最广的一科。我国有 9 属 20 种，属于中小型涉禽，头小，喙细长，腿和趾都长。善于快速步行，偶尔也会进行短距离的飞行。常栖息于沼泽，在距水面不高的密草丛中筑巢，也常在田里的秧丛中和谷茬上活动，故名。性胆小，夜行性，以植物嫩芽、种子、昆虫、蚯蚓以及小型水生动物为食。

（1）白胸苦恶鸟（*Amaurornis phoenicurus*）（图 3－134）。

鉴别特征：中型涉禽，体长约 33 cm。成鸟两性相似，雌鸟稍小。上体暗石板灰色，脸侧、喉、前颈、胸至上腹中央均白色。下腹和尾下覆羽栗红色头顶、枕、后颈、背和肩暗石板灰色。嘴黄绿色，脚黄色。

习性：常单独或成对活动，多在清晨、黄昏和夜间活动。不善长距离飞行，善奔走。以昆虫、小型水生动物以及植物种子为食。在繁殖期间雄鸟晨昏激烈鸣叫，音似“kue，kue，kue”，因此而得名。

（2）黑水鸡（*Gallimula chloropus*）（图3－135）。

鉴别特征：体长约31 cm。成鸟两性相似，雌鸟稍小。全身黑色为主，两胁具宽的白色条纹。额甲鲜红色，端部圆形。头、颈及上背灰黑色，下背、腰至尾上覆羽和两翅覆羽暗橄榄褐色。尾下覆羽中央黑色，两侧白色。

习性：栖息于富有芦苇和水生挺水植物的淡水湿地、沼泽、湖泊、水库、苇塘、水渠和水稻田中。常成对或成小群活动，善游泳和潜水。主要吃水生植物嫩叶、幼芽以及水生昆虫、蜘蛛、软体动物、蜗牛和昆虫幼虫等食物，其中以动物性食物为主。

图3－134　白胸苦恶鸟

图3－135　黑水鸡

（3）白骨顶（*Fulica atra*）（图3－136）。

鉴别特征：体长40 cm。体形比黑水鸡大且壮实。两性相似。全体灰黑色，具白色额甲，具瓣蹼。多数尾下覆羽有白色，上体有条纹，下体有横纹。

习性：除繁殖期外，常成群活动于有水生植物的大面积静水或近海的水域。善游泳。杂食性，但主要以植物为食，也吃昆虫、蠕虫、软体动物等。

2. 鹤科（Gruidae）

鹤是美丽而优雅的大型涉禽，鹤科分为鹤亚科（Gruinae）和冠鹤亚科（Balearicinae）2亚科4属15种。其中鹤亚科有3属13种，在南美洲以外的各大陆均有分布，而在东亚种类最多，我国有2属9种，占世界15种鹤的一大半，是鹤类最多的国家，这9种鹤全部是国家重点保护野生动物。鹤在我国文化中具有崇高的地位，特别是丹顶鹤，它是长寿、吉祥和高雅的象征，常被与神仙联系起来，又称为“仙鹤”。

丹顶鹤（*Grus japonensis*）（图3－137），属大型涉禽，体长120～160 cm。颈、脚较长，通体大多白色，头顶鲜红色，喉和颈黑色，耳至头枕白色，脚黑色。夜间多栖息于四周环水的浅滩上或苇塘边，主要以鱼、虾及水生植物为食。分布于我国东北、俄罗斯乌苏里江东岸、朝鲜、韩国和日本等地。

图 3－136　白骨顶

图 3－137　丹顶鹤

六、鸽形目（Columbiformes）

陆禽，体形中等，嘴爪平直或稍弯曲，嘴基部柔软，被以蜡膜，嘴端膨大而具角质（沙鸡除外）；颈和脚均较短，胫全被羽。嗉囊发达。雏鸟为晚成鸟。喜群栖，并有集群迁徙现象。多生活于森林或荒漠地带。巢筑于树洞、树枝、石缝或沙滩草丛中，结构简陋，每窝产卵 2～4 枚。主要以植物的果实、种子等为食，兼吃少量昆虫等动物性食物。广布于除两极外的世界各地。鸽形目现存有 2 科（孤鸽科已经灭绝），即沙鸡科（Pteroclidae）和鸠鸽科（Columbidae）

鸠鸽科：

该科鸟类的嘴爪平直或稍弯曲，嘴基部柔软，被以蜡膜，嘴端膨大而具角质；颈和脚均较短，胫全被羽。广布于除两极外的世界各地。有 41 属 309 种，我国有 8 属 31 种。

（1）山斑鸠（*Streptopelia orientalis*）（图 3－138）。

鉴别特征：体长 32 cm。雌雄相似。前额和头顶前部蓝灰色，颈侧具黑色相间块状斑。上背褐色，各羽缘以红褐色；下背和腰蓝灰色，尾上覆羽和尾同为褐色，具蓝灰色羽端，愈向外侧蓝灰色羽端愈宽阔。肩和内侧飞羽黑褐色，具红褐色羽缘。虹膜金黄色或橙色，嘴铅蓝色，脚洋红色，爪角褐色。

习性：常成对或成小群活动。栖息于低山丘陵、平原和山地、果园和农田以及宅旁竹林和树上。主要吃各种植物的果实种子、稻谷、玉米、高粱、小米、黄豆、绿豆、油菜籽等，有时也吃鳞翅目幼虫、甲虫等昆虫。

（2）珠颈斑鸠（*Streptopelia chinensis*）（图3－139）。

鉴别特征：体长30 cm。雌鸟羽色和雄鸟相似，但不如雄鸟辉亮。枕、头侧和颈粉红色，后颈有一大块黑色领斑。上体余部褐色，羽缘较淡。

习性：常见留鸟。喜在树林村落开阔地及农田附近活动。主要以植物种子为食，特别是农作物种子。

图3－138　山斑鸠

图3－139　珠颈斑鸠

七、鹃形目（Cuculiformes）

该目共有2科，杜鹃科和蕉鹃科（Musophagidae），我国仅有杜鹃科。中小型攀禽。嘴形稍粗厚，微向下曲，但不具钩。翅有第5枚次级飞羽。尾8～10枚。具适于攀缘的对趾型足，足呈对趾型，即第2、3趾向前，第1、4趾向后。雏鸟为晚成性。尾脂腺裸出。羽无副羽。雌雄大都相似。大多不自营巢，营卵寄生（或称巢寄生）繁殖。

杜鹃科（Cuculidae）：

（1）四声杜鹃（*Cuculus micropterus*）（图3－140）。

鉴别特征：体长18～33 cm。头顶和后颈暗灰色；头侧浅灰色，眼先、颏、喉和上胸等色更浅；上体余部和两翅表面深褐色；尾与背同色，但近端处具一道宽黑斑。下体自下胸以后均白，杂以黑色横斑。叫声为有规律的四声“布—谷—谷—谷”，故而得名。

习性：多单独或成对活动，游动性较大，无固定的居留地。性机警，受惊后迅速起飞。常隐栖于树林间，平时不易见到。主要以昆虫为食，尤其喜吃鳞翅目幼虫，有时也吃植物种子等食物。

（2）大杜鹃（*Cuculus canorus*）（图3－141）。

鉴别特征：体长约 32 cm。嘴黑褐色，嘴基黄色，脚黄色。大额浅灰褐色，头顶、枕至后颈暗银灰色，背暗灰色，腰及尾上覆羽蓝灰色，中央尾羽黑褐色，羽轴纹褐色，沿羽轴两侧有白色细斑点。

习性：性孤独，常单独活动。栖息于山地、丘陵和平原地带的森林中，有时也出现于农田和居民点附近高的乔木树上。飞行快速而有力，常循直线前进。主要以松毛虫、五毒蛾、松针枯叶蛾等鳞翅目幼虫为食。

图 3－140　四声杜鹃

图 3－141　大杜鹃

八、鸮形目（Strigiformes）

该目为夜行猛禽。鸮形目总数超过 130 余种，是现存鸟类种在全世界分布最广的鸟类之一。在除南极洲以外所有的大洲都有分布。大部分的种为夜行肉食性动物。该目鸟类头宽大，嘴短而粗壮，前端呈钩状。头部正面的羽毛排列成面盘，部分种类具有耳状羽毛。双目的分布，面盘和耳羽使本目鸟类的头部与猫极其相似，故俗称猫头鹰。我国常见的种类有雕鸮、鸺鹠、长耳鸮和短耳鸮。

该目下分 3 科：原鸮科（已灭绝）、草鸮科和鸱鸮科。其中草鸮科世界有 10 种，我国有 3 种；鸱鸮科世界有 126 种，我国有 24 种，如雕鸮、鸺鹠、长耳鸮等。我国鸮形目的所有种，均为国家二级保护动物。

1. 草鸮科（Tytonidae）

体长 31～53 cm；头骨狭长，宽不及长的 2/3；面盘完整，下方变狭，呈心脏形；中爪具栉缘；有草鸮属和栗鸮属 2 属，共 16 种。眼周的羽毛呈辐射状，细羽的排列形成脸盘，面形似猫。

仓鸮（*Tyto alba*）（图 3－142）：

鉴别特征：又称猴面鹰、猴头鹰等，是中型鸟类，共有 28 个亚种。体长

33～39 cm，翼展 85～93 cm，体重 470～570 g。头大而圆，面盘明显，呈心脏形，白色，四周皱领橙黄色，上体为斑驳的灰色及橙黄色，并具精细的黑色和白色斑点。下体白色，稍沾淡黄色，具暗褐色斑点。

习性：仓鸮常单独活动。白天多栖息于树上或洞中，黄昏和晚上才出来活动，飞行快速而有力，毫无声响，在黑夜中显得影影绰绰，再加上它的叫声非常难听，所以常常使人们感到非常恐怖。主要以鼠类和野兔为食，是著名的捕鼠能手。

2. 鸱鸮科（Strigidae）

斑头鸺鹠（*Glaucidium cuculoides*）（图 3－143）。

鉴别特征：体长 20～26 cm。面盘不明显，无耳羽簇。体羽褐色，头和上下体羽均具细的白色横斑；腹白色，下腹和肛周具宽阔的褐色纵纹，喉具显著的白色斑。

习性：主要栖息于从平原、低山丘陵到海拔 2 000 m 左右的阔叶林、混交林、次生林和林缘灌丛。留鸟，大多单独或成对活动。大多在白天活动和觅食，能像鹰一样在空中捕捉小鸟和大型昆虫，主要以各种昆虫和幼虫为食。

图 3－142　仓鸮

图 3－143　斑头鸺鹠

九、雨燕目（Apodiformes）

该目鸟类通称为胡燕，共有 3 个科，131 个属，我国有 2 个科。

雨燕科（Apodidiae）：

该科有 18 属 84 种。头无羽冠，跗跖较第一趾（不连爪）为长，或与等长。分布于东南亚和新几内亚一带，不迁徙，我国只有凤头雨燕一种。

（1）白腰雨燕（*Apus pacificus*）（图 3－144）。

鉴别特征：体长 17～19 cm。两翼和尾大都黑褐色，头顶至上背具淡色羽缘、下背、两翅表面和尾上覆羽微具光泽，腰白色，具细的暗褐色羽干纹，颏、喉白色，具细的黑褐色羽千纹，翅镰刀状。嘴黑色。

习性：喜成群地在栖息地上空来回飞翔。飞行速度甚快，常边飞边叫，在飞行中捕食。以各种昆虫为食。

（2）凤头雨燕（*Hemiprocne longipennis*）（图 3－145）。

鉴别特征：是一种小型的鸟类，体长为 21～25 cm，其最显著特点是头上具有一个长长的羽冠，闪耀着绿色的光泽，非常美丽，与众不同。它的嘴短而圆，眼睛很大，尾羽甚长，往尾尖逐渐变细，称为铗尾。上体为蓝灰色。

习性：常呈小群活动，频繁地在开阔地和森林的上空成圈飞翔，有时也在河流等水面的上空飞翔。食物主要是蚊、蛾等各种飞行性昆虫。

图 3－144　白腰雨燕

图 3－145　凤头雨燕

十、咬鹃目（Trogoniformes）

该目鸟类为热带森林中的攀禽，全长 23～37 cm，在拉丁美洲、非洲和东南亚都有分布。只有咬鹃科一科。有 8 属 39 种，我国有 1 属 3 种。分布于我国最南部和西南部。

咬鹃科（Trogonidae）：

（1）红头咬鹃（*Harpactes erythrocephalus*）（图 3－146）。

鉴别特征：体长约 33 cm。雄鸟头部棕红色，背部颈圈缺失，红色的胸部上具狭窄的半月形白环；雌鸟胸部具半月形白环，头黄褐色。虹膜褐色；眼周裸皮蓝色；嘴近蓝色；脚偏粉色。

习性：多单个或成对活动；树栖性。主要以昆虫及其幼虫为食，也吃植物果实。

（2）辉绿咬鹃（*Pharomachrus mocinno*）（图 3－147）。

为咬鹃属鸟类，分布于墨西哥、危地马拉、洪都拉斯、哥斯达黎加和巴拿马高地等地区。

图 3－146　红头咬鹃

图 3－147　辉绿咬鹃

十一、佛法僧目（Coraciiformes）

该目可分为 4 个亚目 9 科，我国有 5 科。其中，大多数科分布局限于热带、亚热带地区，其他科则分布比较广泛。形态结构多样，各科特化程度高。成员体形大小不一，生活方式多种多样，多数种类以昆虫和小动物为食，有些种类食鱼，还有些种类食果实。佛法僧目中的一些鸟类为国家二级保护动物。

佛法僧目鸟类体形大小不一。我国佛法僧目的鸟类中，以犀鸟体形最大，体重达 1750 g，翅长约 31 cm。佛法僧中等大小，体重约 175 g，翅长约 16 cm；最小的是翠鸟，重 33 g 左右，翅长约 7 cm。脚短小，趾前 3 后 1，并趾型。羽色艳丽，有时具金属辉亮，或是黑白斑驳状；雌雄相似。

1. 翠鸟亚目（Alcedini）

该目包括3个科，即翠鸟科（Alcedinidae）、短鸡尾科（Todidae）、翠鸡科（Momotidae）。

（1）普通翠鸟（*Alcedo atthis*）（图3-148）。

鉴别特征：体长16~17 cm。体色较淡，耳覆羽棕色，翅和尾较蓝，下体红褐色，耳后有一白斑。雌鸟上体羽色为灰蓝色。头顶不为绿黑色而呈灰蓝色。胸、腹棕红色，但较雄鸟淡，且胸无灰色。幼鸟羽色较苍淡，上体较少蓝色光泽，下体羽色较淡。

习性：常单独或成对活动。性孤独，平时常独栖在近水边的树枝上或岩石上，伺机猎食，食物以鱼虾为主，兼吃甲壳类和昆虫。

（2）白胸翡翠（*Halcyon smyrnensis*）（图3-149）。

鉴别特征：体长26~30 cm。体形较大且粗壮，雌雄相似。头、后颈、上背褐色；肩、腰、翼、尾羽亮蓝色。但初级飞羽端部黑褐色，中部内羽片为白色，飞时形成一大白斑。颏、喉、前胸和胸部中央白色。嘴、脚橙红色。

习性：性孤独，常沿河流、稻田中的沟渠、稀疏丛林、鱼塘和海滩等较高处狩猎。肉食性，以鱼、虾、软体动物、大型水生昆虫、蜥蜴等为食。

图3-148 普通翠鸟

图3-149 白胸翡翠

（3）蓝翡翠（*Halcyon pileata*）（图3-150）。

鉴别特征：雄性体长25~31 cm。通体以蓝色、白色及黑色为主。以头黑色为特征，翼上覆羽黑色，上体其余为亮丽华贵的蓝紫色。两胁及臀沾棕色。飞行时白色翼斑显见。

习性：常立于水域附近的电线杆顶端或岩石上，低头伺机猎取食物。以鱼、虾、螃蟹及昆虫为食。

（4）冠鱼狗（*Megaceryle lugubris*）（图3－151）。

鉴别特征：以显著鱼狗头状的黑白相间羽冠得名。嘴下、枕、后颈白色；背、腰、尾下覆羽灰黑色。翼黑色，颏、喉白色；前胸黑色，具许多白色横斑。嘴角黑色，上嘴基部和先端淡绿褐色；脚肉褐色。

习性：栖息于林中溪流附近区域，长栖于水边岩石上或电线杆上伺机觅食。食物以鱼、虾为主，兼大型昆虫及其他小动物。

图3－150　蓝翡翠

图3－151　冠鱼狗

2. 蜂虎亚目（Meropes）

只有一科，即蜂虎科（Meropidae），3属26种。生活于村庄附近丘陵林地；树栖性；以空中飞虫为食，特别喜吃蜂类；在山地土壁挖隧道为巢；卵形颇圆，白色。该科鸟类遍布欧洲、亚洲、非洲的热带和温带区域。

栗喉蜂虎（*Merops philippinus*）（图3－152）

鉴别特征：尾和腰蓝色，喉栗色。眼先、后及覆耳羽黑色，头顶至背草绿色沾黄，腰和尾上覆羽鲜蓝色，尾蓝绿色。肩和两翅表面草绿色。颏和上喉黄色，下喉和上胸栗色；下胸、腹草绿色；颏鲜黄色；喉鲜栗色。

习性：结群聚于开阔地捕食，栖于裸露树枝或电线上，主要以昆虫为食。

3. 犀鸟亚目（Bucerotes）

该目只有一科，即犀鸟科（Bucerotidae），该科鸟类为典型热带森林鸟类。犀鸟是一种珍贵且漂亮的大型鸟类，嘴的长度占了身长的1/3～1/2。因嘴形粗厚而直，嘴上通常具盔突，形似犀牛角而得名。有12属45种。广泛分布于非洲中南部、印度、大洋洲和太平洋群岛。我国仅见于云南西双版纳和广西西南部，有4属4种：冠斑犀鸟、白喉犀鸟、棕颈犀鸟及双角犀鸟。该科鸟类为善于攀缘并趾型鸟，其外趾和中趾基部有2/3互相并合，中趾与内趾基部也有些并合。冠斑犀鸟是我国最常见种，体大型，体重700～960 g

(雄) 和600~850 g (雌);嘴巨大而下弯,象牙色,长13~14 cm。

双角犀鸟 (*Buceros bicornis*) (图3-153):

属于大型鸟类,体长119~128 cm,翼展146~160 cm,重量2.15~4 kg。雄性较大。后头和颈白色,其余上体黑色。尾白色,具宽阔的黑色次端斑。翅大覆羽具白色端斑,初级覆羽白色,在翅上形成明显的白色翅斑,在黑色的翅上极为醒目。下体胸部黑色,其余下体白色。嘴和盔突均较大,基部黑色,嘴端和盔突顶部橙红色,嘴侧橙黄色,下嘴乳白色。

主要栖息于海拔1 500 m以下的低山和山脚平原常绿阔叶林,尤其喜欢靠近湍急溪流的林中沟谷地带,分布于中国、印度、缅甸、泰国、中南半岛、马来西亚和印度尼西亚。

图3-152 栗喉蜂虎

图3-153 双角犀鸟

4. 佛法僧亚目 (Coracii)

该目包括4个科,即鹃鸡科 (Leptosomatidae)、佛法僧科 (Coraciidae)、戴胜科 (Upupidae)、林戴胜科 (Phoeniculidae)。

戴胜科 (Upupidae) 只有1属,即戴胜属;1种,即戴胜。鸟类头上具凤冠状羽冠;嘴形细长,自基处起稍向下弯;翅形短圆,初级飞羽10枚;尾长度适中而近方形,尾羽10片;跗跖短而不弱,前后缘均具盾状鳞;趾基合并不完全,中趾与外趾仅并连于基部,内趾则游离。

图3-154 戴胜

戴胜 (*Upupa epops*) (图3-154):

鉴别特征:通体由黑、白、棕三

色组成。头顶具凤冠状的棕色羽冠，腰白，尾羽黑褐色。嘴细长。

习性：性活泼，栖息于山地、林缘、河谷、农田、草地、村屯等开阔地方。以蠕虫类为食，在树上的洞内做窝。有警情时冠羽立起，如蒲扇状。

十二、䴕形目（Piciformes）

该目共有6科，中型攀禽。嘴强如凿，适于凿木。翅有第5枚次级飞羽。尾为平尾或楔尾，羽轴坚硬而富有弹性，在攀树时起支架作用。脚短而强，呈对趾型，第2、3趾向前，第1、4趾向后。

啄木鸟科（Picidae）：

（1）斑姬啄木鸟（*Picumnus innominatus*）（图3－155）。

鉴别特征：背至尾上覆羽橄榄绿色，两翅暗褐色，外缘沾黄绿色，翼缘近白色，翅上覆羽和内侧飞羽表面橄榄色。尾羽黑色，嘴和脚铅褐色或灰黑色。

习性：常单独活动，多在地上或树枝上觅食，较少在树干攀缘。

（2）大斑啄木鸟（*Dendrocops major*）（图3－156）。

鉴别特征：上体以黑色为主，额、颊、耳羽白色，枕部红色，肩和翅上各有一块大的白斑。尾黑色，外侧尾羽具黑白相间横斑，飞羽亦具黑白相间的横斑。下体浅棕褐色，臀部红色。雌鸟枕部无红斑。

习性：为林地常见啄木鸟，常单独或成对活动，繁殖后期则呈松散的家族群活动。多在树干和粗枝上觅食，偶尔下地觅食。

图3－155　斑姬啄木鸟

图3－156　大斑啄木鸟

十三、雀形目（Passeriformes）

该目有 100 科 5 400 种以上，我国有 34 科，是鸟类中最为庞杂的一目，占鸟类全部种类的一半以上。该目鸟类为中小型鸣禽，喙形多样，适于多种类型的生活习性；鸣管结构及鸣肌复杂，大多善于鸣啭，叫声多变悦耳；筑巢大多精巧，雏鸟晚成性。种类及数量众多，适应辐射到各种生态环境内。

1. 燕科（Hirundinidae）

（1）家燕（*Hirundo rustica*）（图 3－157）。

鉴别特征：体长 13～19 cm。前额深栗色，上体头顶、脸侧、向后至尾上覆羽均为蓝黑色而富有金属光泽。喙短而宽扁，基部宽大，呈倒三角形。翅狭长而尖，尾呈深叉状。

习性：夏候鸟，喜欢栖息在人类居住的环境。善飞行，大多数时间都成群地在村庄及其附近的田野上空不停地飞翔，没有固定飞行方向。主要以昆虫为食。

（2）金腰燕（*Hirundo daurica*）（图 3－158）。

鉴别特征：体长一般 17 cm。因具一条栗黄色的腰带而得名。喙短而宽扁，基部宽大，呈倒三角形。翅狭长而尖，尾呈叉状，形成“燕尾”，脚短而细弱，趾三前一后。嘴和脚黑色。

习性：栖息于低山及平原的居民点附近，多见于山间村镇附近的树枝或电线上。以昆虫为食。

图 3－157 家燕

图 3－158 金腰燕

2. 鹡鸰科（Motacillidae）

（1）白鹡鸰（*Motacilla alba*）（图3－159）。

鉴别特征：体长16～20 cm。雌雄羽色相似。主要为黑、白、灰三色。额头顶前部和脸白色，头顶后部、枕和后颈黑色。背、肩黑色或灰色，飞羽黑色。翅上小覆羽灰色或黑色，中覆羽、大覆羽白色或尖端白色，在翅上形成明显的白色翅斑。

习性：常单独成对或小群活动。主要栖息于河流、湖泊等水域岸边，或农田、沼泽等湿地。主要以昆虫为食，也吃植物种子、浆果等。

（2）黄鹡鸰（*Motacilla flava*）（图3－160）。

鉴别特征：体长15～18 cm。头顶蓝灰色或暗色。上体暗黄绿色，具白色、黄色或黄白色眉纹。飞羽黑褐色具两道白色或黄白色横斑。尾黑褐色，最外侧两对尾羽大都白色。下体黄色。嘴和脚黑色。

习性：多成对或小群活动。喜停栖在河边或河心石头上，尾不停地上下摆动。有时也沿着水边来回不停地走动。飞行时两翅一收一伸，呈波浪式前进。主要以昆虫为食。

图3－159　白鹡鸰

图3－160　黄鹡鸰

3. 山椒鸟科（Campephagidae）

（1）赤红山椒鸟（*Pericrocotus flammeus*）（图3－161）。

鉴别特征：体长19 cm。雄鸟整个头、颈、背、肩和翅上小覆羽灰黑色，腰和尾上覆羽以及整个下体朱红色或橙红色。下体胸以上黑色，胸以下朱红色，翼缘和翼下覆羽橙红色。雌鸟前额、头顶前部和一短窄的眉纹深黄色，头顶前部往后逐渐变灰。

习性：除繁殖期成对活动外，其他时候多结群活动。主要栖息于低海拔的低山丘陵和山脚平原地区的次生阔叶林、热带雨林、季雨林等森林中，主要以昆虫为食。

（2）灰喉山椒鸟（*Pericrocotus solaris*）（图 3－162）。

鉴别特征：体长 17 cm。雄鸟头部和背亮黑色，腰、尾上覆羽和下体朱红色，翅黑色，具一大一小的两道朱红色翼斑。中央尾羽黑色，外侧尾羽基部黑色，端部红色。雌鸟额、头顶前部、颊、耳羽和整个下体均为黄色，腰和尾上覆羽亦为黄色。

习性：栖息于低海拔低山丘陵和山脚平原地区的次生阔叶林、热带雨林、季雨林等森林中。繁殖期成对活动，其他时候多成群活动。主要以昆虫为食，也吃少量植物种子。

图 3－161　赤红山椒鸟

图 3－162　灰喉山椒鸟

4. 鹎科（Pycnonotidae）

（1）红耳鹎（*Pycnonotus jocosus*）（图 3－163）。

鉴别特征：体长 20 cm。额、头顶、后颈及颈侧黑色，头顶有耸立的黑色羽冠，耳区具一鲜红色斑，其下又有一白斑，外周围以黑色。下体白色，尾下覆羽红色。

习性：留鸟。性活泼，喜结群活动。主要栖息于低山和山脚丘陵地带的雨林、季雨林、常绿阔叶林等森林中，取食植物种子、果实，也吃昆虫。

（2）栗背短脚鹎（*Hemixos castanonotus*）（图 3－164）。

鉴别特征：体长 18～22 cm。上体栗褐，头顶和羽冠黑色。背栗色，翅和尾暗褐色具白色或灰白色羽缘。颏、喉白色，胸和两胁灰白色，腹中央和尾下覆羽白色。嘴和脚深褐色。

习性：性活泼吵闹，常集群活动在乔木树冠层。主要以植物性食物为食，也吃昆虫等动物性食物。

图 3－163　红耳鹎

图 3－164　栗背短脚鹎

5. 伯劳科（Laniidae）

（1）棕背伯劳（*Lanius schach*）（图 3－165）。

鉴别特征：体长 23～28 cm。色彩鲜艳，雌雄相似。额、头顶至后颈黑色或灰色；具黑色贯眼纹。喙粗壮而侧扁，背棕红色。尾长、黑色，外侧尾羽皮黄褐色。

习性：留鸟，多单独活动。栖息于低山丘陵和山脚平原地区。主要以昆虫等动物性食物为食，也捕食小鸟、蛙等动物。繁殖期鸣声婉转悦耳，能模仿多种鸟类叫声。

（2）红尾伯劳（*Lanius cristatus*）（图 3－166）。

鉴别特征：体长 18～21 cm。上体棕褐色或灰褐色，两翅黑褐色，头顶灰色或红棕色，白色眉纹突出，贯眼纹黑色。尾上覆羽红棕色，尾羽棕褐色。颏、喉白色，其余下体棕白色。

习性：常见伯劳种类，单独或成对活动，性活泼。主要栖息于低山丘陵和山脚平原地带的灌丛、疏林和林缘地带。主要以昆虫等动物性食物为食。

图 3－165　棕背伯劳

图 3－166　红尾伯劳

6. 椋鸟科（Sturnidae）

（1）八哥（*Acridotheres cristatellus*）（图3－167）。

鉴别特征：体长23～28 cm。几乎通体黑色，额部具凤头，有如冠状，翅具白色翅斑，飞翔时尤为明显。尾羽和尾下覆羽具白色羽斑。嘴基黄色，脚黄色。

习性：性喜结小群活动。主要在草地、农田间觅食，常跟随牲畜周围，以蝗虫、蚱蜢、毛虫、蝇、虱等昆虫和昆虫幼虫为食，也吃谷粒、植物果实和种子等植物性食物。

（2）黑领椋鸟（*Sturnus nigricollis*）（图3－168）。

鉴别特征：大型椋鸟，体长27～29 cm。雄鸟头部和下体白色，颈部具宽阔的黑色颈环。腰白色，其余上体、两翅和尾黑色，尾具白色端斑。雌鸟似雄鸟，但偏褐色。

习性：留鸟。常成对或成小群活动。主要栖息于山脚平原、草地、农田、灌丛、荒地、草坡等开阔地带。食物包括甲虫、鳞翅目幼虫、蝗虫、蚯蚓、蜘蛛、植物种子及果实等。

图3－167　八哥

图3－168　黑领椋鸟

7. 鸦科（Corvidae）

（1）松鸦（*Garrulus glandarius*）（图3－169）。

鉴别特征：体长28～35 cm。翅短，尾长，羽毛蓬松呈绒毛状。头顶有羽冠，额和头顶粉褐色，口角至喉侧有一粗黑色颊纹。上体大部分黄褐色，尾上覆羽白色，尾和翅黑色，翅上有辉亮的黑、白、蓝三色相间的横斑纹。嘴黑色，脚肉褐色。

习性：留鸟。多在山上活动。喜结小群到处游荡。食性较杂，食物组成随季节和环境而变化，以植物种子、果实，农作物，昆虫等为食。

（2）灰喜鹊（*Cyanopica cyana*）（图3－170）。

鉴别特征：体形比喜鹊稍小，体长33～40 cm。嘴、脚黑色，额至后颈黑色，背灰色，两翅和尾灰蓝色，初级飞羽外翈端部白色。尾长、呈凸状具白色端斑，下体灰白色。雌雄相似。

习性：喜结大群活动。主要栖息于低山丘陵和山脚平原地区的次生林和人工林内。不甚畏人，常出现在城市公园中的树上。主食为半翅目的蝽象、鞘翅目的步行甲等昆虫。

图3－169　松鸦

图3－170　灰喜鹊

（3）喜鹊（*Pica pica*）（图3－171）。

鉴别特征：体长40～50 cm，雌雄羽色相似。头、颈、背至尾均为黑色，肩部和胸腹部为白色，双翅黑色而在翼肩有一大型白斑，尾远较翅长，呈楔形，黑色。嘴、腿、脚纯黑色，腹面以胸为界，前黑后白。

习性：留鸟。栖息地多样，常出没于人类活动地区，喜欢将巢筑在民宅旁的大树上。杂食性，夏季主要以昆虫等动物性食物为食，其他季节则主要以植物果实和种子为食。

（4）大嘴乌鸦（*Corvus macrorhynchos*）（图3－172）。

鉴别特征：体长50 cm。通身漆黑，除头顶、后颈和颈侧之外的其他部分羽毛，带有一些显蓝色、紫色和绿色的金属光泽。嘴粗大，嘴峰弯曲，峰嵴明显，嘴基有长羽，伸至鼻孔处。额较陡突。尾长、呈楔状。后颈羽毛柔软松散如发状，羽干不明显。

习性：喜结小群活动。栖息于低山、山地阔叶林、针叶林、次生杂木林等各种森林中。主要以蝗虫、金龟甲、金针虫、蝼蛄等昆虫及其幼虫和蛹为食，也吃植物性食物。

图 3－171 喜鹊

图 3－172 大嘴乌鸦

8. 鸫科（Turdidae）

（1）鹊鸲（*Copsychus saularis*）（图 3－173）。

鉴别特征：体长 21 cm。嘴形粗健而直；尾呈凸尾状，与翅几乎等长。两性羽色相异，雄鸟上体大都黑色；翅具白斑；下体前黑后白。嘴、脚黑色。

习性：性活泼好动，觅食时常摆尾，不分四季晨昏。出没于村落和人家附近的园圃及栽培地带，或树旁灌丛，也常见于城市庭园中。食物以昆虫为主，兼吃少量草籽和野果。

（2）北红尾鸲（*Phoenicurus auroreus*）（图 3－174）。

鉴别特征：体长 13～15 cm。雄鸟头顶至后颈为苍灰色，肩背黑褐色，下背和两翅黑色具明显的白翅斑，腰、尾上覆羽和尾橙棕色，中央一对尾羽和最外侧一对尾羽外翈黑色。头侧、颈侧、颏喉和上胸黑色，其余下体棕红色。

习性：单独或成对活动，常立于枝头不断抖动尾巴。主要栖息于山地、森林、河谷、林缘和居民点附近的灌丛与低矮树丛中。主要以昆虫为食，兼食植物种子和果实。

图 3－173 鹊鸲

图 3－174 北红尾鸲

9. 画眉科（Timaliidae）

（1）白颊噪鹛（*Garrulax sannio*）（图3－175）。

鉴别特征：体长21～25 cm。雌雄羽色相似。前额至枕深栗褐色，眉纹白色或棕白色、细长，往后延伸至颈侧。背、肩、腰和尾上覆羽等其余上体包括两翅表面棕褐或橄榄褐色，尾栗褐或红褐色，飞羽暗褐色。颊、喉和上胸淡栗褐色或棕褐色，下胸和腹多呈淡棕黄色，两胁暗棕色。嘴黑褐色，脚灰褐色。与似种画眉的明显区别是似种画眉眼周白色，颊不为白色。

习性：多成群活动，有时也见与黑脸噪鹛混群。多在森林中下层穿梭，在地上活动和觅食，不善长距离飞行。善鸣叫，尤其是清晨、傍晚和天气晴朗时，其声似“吉呀，吉呀”，反复响亮而急促鸣叫。主要以昆虫和昆虫幼虫等为食，也吃植物的果实和种子。

（2）画眉（*Garrulax canorus*）（图3－176）。

鉴别特征：体长约23 cm。全身大部棕褐色。头顶至上背具黑褐色的纵纹，眼圈白色并向后延伸成狭窄的眉纹，因此得名。嘴和脚黄色。

习性：喜单独活动，机敏而胆怯。栖息于山丘的灌丛和村落附近的灌丛或竹林中，常在林下的草丛中觅食，不善做远距离飞翔。以昆虫为主食。

图3－175 白颊噪鹛

图3－176 画眉

第六章 哺乳纲

哺乳纲（Mammalia）动物通称兽类。多数哺乳动物是全身被毛、运动快速、恒温胎生的脊椎动物，是脊椎动物中躯体结构、功能行为最为复杂的最高级动物类群。由于其能哺乳幼体而得名。哺乳动物可分为原兽亚纲、后兽亚纲和真兽亚纲。哺乳动物分布于世界各地，营陆上、地下、水栖和空中飞翔等多种生活方式；营养方式有草食、肉食和杂食 3 种类型。世界哺乳动物物种 5 488 个，分布在 29 个目 153 科 1 229 属中，约占脊索动物门的 10%，地球所有物种的 0.4%。啮齿目（老鼠、豪猪、海狸等）是哺乳动物中物种最多的目。

第一节 后兽亚纲

后兽亚纲（Metatheria）又称有袋亚纲，即有袋类，仅有袋目一目。现分布于大洋洲和美洲，非常多样化，通常又分成美洲有袋类和澳大利亚有袋类，澳大利亚有袋类则又分成袋鼬类、袋狸类和双门齿类。后兽亚纲在进化上为界于卵生的单孔类和高等的有胎盘类之间的哺乳动物。其特点是：胎生，但大多数无真正的胎盘，母兽具育儿袋。乳腺具乳头，乳头就开口在育儿袋内。骨骼已接近有胎盘哺乳类。大脑半球体积小，无沟回，也没有胼胝体。主要分布于澳大利亚及其附近的岛屿上，少数种类分布在南美和中美，仅 1 种分布于北美。

袋鼠为袋鼠目动物的通称，是袋类动物的典型代表。主要分布于澳大利亚大陆和巴布亚新几内亚的部分地区。其中，有些种类为澳大利亚独有。不同种类的袋鼠在澳大利亚不同的自然环境中生活，从凉性气候的雨林和沙漠平原到热带地区。袋鼠是跳得最高最远的哺乳动物。

树袋熊（*Phascolarctos cinereus*）（图 3－178），又称考拉，是澳大利亚的国宝，也是澳大利亚奇特的珍贵原始树栖动物。英文名（Koala bear）来源于古代土著文字，意思是“no drink”。因为树袋熊从其食物桉树叶中获得所需的 90% 以上的水分，只在生病和干旱的时候喝水。它每天 18 个小时处于睡眠状态，性情温顺，体态憨厚。

图 3－177　红大袋鼠

图 3－178　树袋熊（考拉）

第二节　真兽亚纲

真兽亚纲（Eutheria）是一种脊椎动物中躯体结构、功能行为最为复杂的高级动物类群。除南极、北极中心和个别岛屿外，几乎遍布全球。现存的种类有 17 个目，我国产 13 个目，约 410 种。

一、食虫目（Insectivora）

该目是一类小型动物，有 7 科 68 属约 350 种。是真兽亚纲中最早出现和最原始的一目。食虫目动物在中生代的白垩纪地层中就已出现。通常认为食肉目、翼手目、啮齿目都是由早期的食虫目分化出来的。基本就是鼩鼱类、鼹类和刺猬类。

因多数种类为食虫性而得名。体长 3～45 cm；吻部尖长；跖行；足具 5 趾（指），有爪，拇指不能对握；耳、眼均小；覆毛单一，毛被细软，部分种类具棘刺；齿式多少接近于典型的原始哺乳类，门齿少而多变化，犬齿退化，臼齿经常呈尖利的多锥状；脑颅低扁而狭长。除澳大利亚、南美大部、南极和一些大洋岛屿外，分布遍布全世界。我国有 3 科，即猬科（Erinaceidae）、鼹科

图 3－179　普通刺猬

(Talpidae) 和鼩鼱科 (Soricidae), 共24属42种。

普通刺猬 (*Erinaceus europaeus*) (图3-179), 是猬科猬属的动物。普通刺猬体形肥满, 头宽, 吻尖, 自头顶向后至尾基部覆棘刺, 四肢和尾短, 爪较发达, 全身棘刺纯白色或暗棕色带有色环。

普通刺猬常单独于傍晚活动, 行动迟缓, 有冬眠习性, 每年繁殖1胎或2胎, 每胎3~6崽, 广泛分布于亚欧大陆, 栖息于山地森林、草原、灌木林或草丛等各种环境, 以昆虫及其幼虫为食。

二、翼手目 (Chiroptera)

翼手目动物俗称“蝙蝠”, 是哺乳动物中仅次于啮齿目动物的第二大类群, 共有2亚目16科185属962种。具适于飞行的、由前肢衍变而成的翼膜。蝙蝠的食性相当广泛。一般来说, 大蝠类主要以植物果实、花蜜等为食, 而大多数小蝠类则以捕食昆虫为主。除极地和一些大洋岛屿外, 分布遍于全世界。该目又可细分为如下两个亚目。

(1) 大蝙蝠亚目 (Megachiroptera): 体一般较大, 第1、2指有爪, 眼大, 臼齿齿面平滑, 具有纵沟。除个别种类外, 一般无回声定位能力。一般以果实为食, 有的以花蜜和花粉为食, 分布于东半球热带和亚热带地区, 如狐蝠、果蝠、犬蝠等。

狐蝠是世界上最大的蝙蝠种类, 体形较一般蝙蝠大, 两翼展开长达90 cm以上。由于头形似狐, 口吻长而伸出, 故称狐蝠。第1、2指都有爪, 日间成群倒挂在大树枝上, 夜间成群出动, 觅食野果、花蕊。冬季隐藏于洞穴中冬眠。在我国云南分布有莱氏狐蝠 (*Pteropus lylei*), 在台湾则有台湾狐蝠 (*Pteropus dasymallus*) (图3-180)。

(2) 小蝙蝠亚目 (Microchiroptera): 体形较小, 仅第1指具有爪, 眼小。臼齿具锐齿尖。耳郭外一般有耳屏。能发出超声波, 有回声定位能力。一般以昆虫为食, 对人类有益, 如蝙蝠、大耳蝠、菊头蝠等。大耳蝠 (*Plecotus auritus*) (图3-181), 又称为鬼蝠、褐大耳蝠、普通大耳蝠等。大耳蝠体形较小, 前臂长37~42 mm, 耳极大, 宽且长, 耳长可达30~34 mm, 背面浅灰褐色, 毛基黑褐色。大耳蝠单独栖居, 不与其他蝙蝠混居, 栖息在原始森林或一些遗弃的建筑中。6月产崽, 每年一胎, 每胎1~2只。大耳蝠分布范围较广, 遍及欧洲、亚洲等地区。

图3－180　台湾狐蝠

图3－181　大耳蝠

三、兔形目（Lagomorpha）

兔形目共有2科，即鼠兔科（Ochotonidae）（17种）和兔科（Leporidae）（44种）。除澳大利亚、新西兰、马尔加什及某些海洋岛屿外，广泛分布于世界各地，主要分布在北半球的草原及森林草原地带。属于中小型草食性动物，与啮齿目有较近的亲缘关系。上颌具有2对前后着生的门牙，后一对很小，隐于前一对门牙的后方，又称重齿类。门牙前后缘均具珐琅质。无犬牙。兔形目动物是典型的食草动物，一般不喝水。分布于亚洲、欧洲、非洲、美洲广大地区。

图3－182　鼠兔

图3－183　草兔

四、啮齿目（Rodentia）

现存约2 000种，分属34科，其种类超过了所有其他哺乳动物种类的总和，几乎遍及南极和少数海岛以外的世界各地，我国有14科62属160种左右。根据咬肌的结构分为始啮、松鼠、豪猪和鼠4个亚目。主要特征为：体中小型。上下颌各具一对门牙，仅前面被有釉质，呈凿状，终生生长。无犬牙，门牙与前臼齿间具有空隙。嚼肌特别发达，适于啮咬坚硬物质（如种子硬壳）。

（1）松鼠科（Sciuridae）：其下包括松鼠亚科和非洲地松鼠亚科，特征是长着毛茸茸的长尾巴、匀称灵活的身体。全世界35属212种，我国有11属24种，其中岩松鼠和侧纹岩松鼠2种是我国特有动物。

（2）豪猪科（Hystricidae）：共3属11种，以棘刺闻名，最长可达35 cm，是防御天敌的重要器官。栖息于山坡、草地或密林中。洞居。夜间活动，并常有一定路线。走起路来棘刺相互摩擦有声。植食性。有3属11种，我国有2属2种。分布于非洲、欧洲的地中海沿岸，亚洲西南部、南部和东南部的热带和亚热带森林、草原中。

图3－184 松鼠

图3－185 冠豪猪

五、食肉目（Carnivora）

食肉目有11科89属250种，我国有7科24属56种，仅鬣狗科无分布。牙齿尖锐而有力，上颌第四前臼齿和下颌第一臼齿形成裂齿。上裂齿2个大齿尖和下裂齿外侧的2个大齿尖在咬合时好似铡刀，可将韧带、软骨切断。犬齿异常粗大，长而尖，颇锋利，起穿刺作用。

（1）猫科（Felidae）：有5属36种，我国有4属13种。分为3亚科：猎豹亚科（Acinonychinae）、猫亚科（Felinae）、豹亚科（Pantherinae）。分布于亚欧大陆、非洲、美洲的寒带到热带。体形中、大，躯体均匀，四肢中长，趾行性。头大而圆，吻部较短，视觉、听觉、嗅觉均很发达。世界各大陆均有分布，但不见于大洋洲、马达加斯加、南极洲等地。

猞猁（*Felis lynx*）（图3－186），又叫羊猞猁、马猞猁，体形似猫而远大于猫，猞猁体长 90～130 cm，肩高半米左右，体重 18～32 kg。体粗壮，尾极短，通常不及头体长的 1/4。四肢粗长而矫健。耳尖生有黑色耸立簇毛。两颊具下垂的长毛。上体浅棕色、土黄棕色；腹面浅白色或黄白色。

（2）熊科（Ursidae）：有 5 属 8 种，包括眼镜熊亚科（Tremarctinae）和熊亚科（Ursinea）等。分布于亚欧大陆、北非和美洲。我国有 4 属 5 种。体粗壮、肥硕，吻部较长，尾极短小，体长 1.5～2 m，体重 100～400 kg；四肢粗强有力，前、后肢均具 5 趾。多为杂食性。

棕熊（*Ursus arctos*）（图 3－187）：亦称灰熊。是陆地上食肉目体形最大的哺乳动物之一。头大而圆，体形健硕，肩背隆起。被毛粗密，冬季可达 10 cm；颜色各异，如金色、棕色、黑色和棕黑色等。

图 3－186　猞猁

图 3－187　棕熊

第四编　动物园及标本馆实习

第一章　标本馆和动物园的功能与实习方法

一、生物标本及标本馆的功能

“标本”一词的英文来源于古希腊语，意为“运动着的皮张”。实际上，生物标本就是利用工艺技术将动植物的整体或局部（如皮毛、骨骼或器官系统等）进行复杂的加工处理（如防腐、填充、造型等），保存或放置在人造的模型上面，重塑它们的原形或特征，让它们栩栩如生地展现出来，同时又能永久保存。

标本通常保存于实验室、标本馆及各种展厅中，供教学、科研、科普或陈列观赏之用。现代标本制作术是一门将艺术、木雕、化工和模具铸造等不同学科和技术融合在一起的精湛工艺。依据制作标本材料的不同，生物标本可进一步细分为动物、植物、真菌标本等。依据标本制作方法的不同，可分为浸制标本、干制标本、骨骼标本、剥制标本等。

标本馆中所收藏的标本，都有其相应的标签记载着标本的学名、采集的地点、时间、生境等信息，是保存物种遗传多样性的基因库。通过对生物标本的研究，科研工作者可以得到大量关于生物形态学、生态学、分类学及地理分布等的信息，为生命科学研究提供支持。因此，生物标本是无价的科学财富，是生物学研究和相关学科研究的基础。因此，将物种以标本的形式保存下来，对生物科学及相关学科的研究具有重要现实意义。然而，每一个动植物标本的收集、分类、制作与保存，都要花费大量的时间与精力。

近年来，随着社会经济的快速发展，人类活动日益频繁，导致全球环境迅速变化，加快了物种多样性降低的速度。据国际自然与自然资源保护联盟的物种检测中心估计，全球有 10% 的物种面临灭绝的危险。任何一个物种一旦灭绝，便永远不可能在地球上再现。在标本馆中保藏一个物种，就意味着保存了该物种的生物多样性。动植物标本馆不仅具有科研及教学价值，也具有科普功能。它不但为儿童，也为少年及成年人提供认识自然、了解生物的学习平台。人们通过参观标本馆，不仅对各种各样的生物有更全面的了解和认识，而且深刻感受到生物世界的奇妙，唤醒人们保护生物、保护人类赖以生存的地球环境的意识。

二、动物园的功能

动物园是饲养管理各种野生动物（非家禽、家畜、宠物等家养动物），并开展科学研究和迁地保护，供公众观赏并进行科学普及和宣传保护教育的场所。广义上的动物园，包括水族馆、专类动物园（如百鸟园、蝴蝶馆）等类型；狭义上的动物园主要指城市动物园和野生动物园。动物园的基本功能是对野生动物的综合保护和保护教育。在世界动物园和水族馆协会制定的《世界动物园和水族馆保护策略（2005）》中，将现代动物园的功能归纳为综合保护和保护教育。因此，动物园通常具有野生动物迁地保护、科学研究、科普教育、休闲娱乐四大功能。

近年来，除了城市动物园外，我国野生动物园也发展快速。野生动物园主要利用自然环境或人工模拟野生动物栖息环境，考虑动物福利，对珍贵野生动物实行保护、研究和驯养繁殖，并通过展览、旅游观光的形式向人民群众进行野生动物保护宣传教育。同时，动物园通过面向公众的保护教育或科普活动，使其逐渐建设成为联系城市公众与野外自然栖息地保护的纽带，并且不断扩大动物保护的内涵，将以往片面的动物保护发展成为对整个自然生态的保护，并在这个领域中增加公众的参与度，把动物园事业和公众紧密地结合起来。

20 世纪 70 年代以来，自然保护和生态平衡的问题日益引起人们的重视，动物园在宣传和保护濒危动物的工作中起了重要作用。很多动物园不但千方百计地使难以饲养的动物健康成长，还利用当地的自然条件建设大型动物繁殖基地，并常将濒危动物繁殖的后代放回原产地的自然环境，以部分保护被破坏的生态平衡。由于公众对环境及野生动物的保护意识不断加强，未来的动物园必然会发展成为自然保护的先锋。

三、动物园及标本馆的实习方法

动物园及标本馆是集国家、社会及学校等力量建设的场所，展出种类较为齐全的动物及标本，是进行动物学野外实习的良好平台。古人言“它山之石，可以攻玉”。因此，动物学野外实习可以借助动物园及标本馆这样良好的平台，高效地开展动物学野外实习工作。它能让学生在较短时间内亲近数量可观的动物及标本，进行观察及比较分析，认识多种动物。可见，目前参观动物园及标本馆也是动物学野外实习的重要组成部分。

（一）以动物学分类知识为依据，对动物及标本进行分类观察

学生走进标本馆或动物园时，面对琳琅满目、种类繁多的动物或标本时，常会感到不知如何开展实习工作。若学生参观时，走马观花，或左顾右盼，没有清晰的思路与明确的目标，实习的收获将不大。因此，当学生开始参观标本馆或动物园时，应密切联系已掌握的动物学分类知识，对标本馆的布局大致了解后，根据动物的分类，有条不紊地开展观察学习活动。例如，某一学生可先选择观察鸟类标本，当观察完所有鸟类标本后，再依次观察其他种类如哺乳类、鱼类、昆虫类等标本。这样，学生观察动物标本时分大类进行，有的放矢，思路清晰，将会大大提高在动物园及标本馆的实习效果。

（二）以专业的角度观察动物及标本，并对比及归纳动物的特征

学生观摩动物或标本时，要从专业角度，细致、深入地观察动物形态结构，并对比分析、归纳，从而掌握动物的结构特点及分类特征。例如，在对鸟类标本进行观察时，引导学生根据鸟类的生态类型，比较不同生态类型鸟类的特征差异，并通过一些典型代表性鸟类，加强对这些生态特征的理解，从而实现融会贯通、举一反三的学习效果。例如，在对鸟类标本或生活个体进行观察时，可理论联系实际，先将鸟类划分为 6 个生态类群，分别进行比较观察。学生通过对鸟类的趾、喙及羽毛等特征进行观察及逐一比较，并根据这些生态特征，进一步分析鸟类的生活方式以及它们在自然界中所发挥的功能，从而实现实习目标。在实习过程中，教师可根据不同类型动物的特征，指导学生从动物学专业的角度，观察、分析与归纳动物的形态特征，从而达到较好的实习效果。

（三）观察标本的制作方法

动物标本依据标本制作方法的不同，可分为浸制标本、干制标本、骨骼标本、剥制标本等。学生在观察标本时，有意识地分析与归纳标本的制作类型，进一步思考其制作方法的原理及其与动物身体结构的密切关系。学生通过仔细、认真的观察，不但进一步掌握动物的形态结构，而且为亲自制作动物标本储备知识（也是动物学野外实习的一部分）。例如：鸟类、哺乳类及爬行类，为了展现其栩栩如生的形态，通常采用其皮毛或羽毛制作成为剥制标本；而鸟类、哺乳类及爬行类本身的结构特点为皮肤致密及有弹性，容易分离，为剥制标本的制作提供有利条件。而大多数鱼类标本为浸制标本，昆虫标本为干

制针插标本，而一些爬行类、鲸类、鱼类的骨骼可制作成为骨骼标本。

（四）观察动物园的规划布局及标本馆的设计等

动物园及标本馆实习，是一种内容丰富、多元化及发散的自主探究学习形式。例如：在标本馆学习的过程中，除了对标本的形态、结构观察外，还可观察标本创意造型及人造生态环境。动物不是孤立存在，而是生活在特定的环境中。因此，标本馆设计者通常根据动物种类进化、生存环境及生活习性而精心设计，以展现动物的形态及其生存环境。因此，在标本馆参观学习过程中，一方面通过标本形态结构，了解动物的形态、结构及分类特点；另一方面通过标本的人造生态环境或造型，联想动物的生活习性、生态环境等，从而较全面地了解动物的形态、结构与生态。此外，还可进一步观察并学习动物园及标本馆的规划布局、创意设计及其与动物生态环境的密切联系。

（五）动物园及标本馆实习的注意事项

（1）做好笔记。好记性不如烂笔头。因此，在参观标本时，一边观察，一边对照标本的标签，认真做好笔记。由于标本数量较多，参观时间有限，因此参观时选择有代表性的动物标本做笔记。必要时，利用手机、相机对一些标本拍照，以便为参观结束后进一步整理观察、查阅资料，并为实习报告或论文积累素材。

（2）不能触摸标本。一方面，标本有毒性很强的化学防腐剂，对人体有毒害作用。在标本制作过程中，为了避免标本腐烂，必须使用毒性很强的防腐剂，如三氧化二砷（俗称砒霜）、甲醛等，进行防腐。可见，标本本身有很强的毒性。另一方面，触摸标本将污染或损坏标本，不利于标本的长期保存及维护。

（3）参观动物园时，要遵守动物园的规章制度，确保安全。不能与猛兽如老虎、狮子近距离接触，要保持安全距离，以防发生意外；不能挑逗、恐吓动物。

（4）不能给动物喂食（一些由动物园自备的动物食物，特许游客参与喂食的项目除外）。目前，许多动物园的动物因游客喂食而导致发生各种疾病，严重时甚至危及其生命。

（5）在动物园或标本馆参观时要有秩序，不能大声喧哗，惊扰动物。动物园及标本馆实习是一种严肃的教学活动，要以严谨、认真的态度来对待。在参观的过程中，可开展各种形式的讨论活动。

（6）乘车到野生动物猛兽区参观时，遵守动物园的参观规则，不允许离开游览车，也不能打开车窗，更不能把头或手伸出车外。否则可能会遇到潜伏动物的袭击。

第二章　粤闽两地标本馆的简介

一、中山大学生物博物馆

中山大学生物博物馆以丰富的馆藏，极具特色的文化学术氛围，在国际上享有盛誉。博物馆以香港同胞捐赠的“马文辉堂”为馆址，最早的标本采集于1817年，约有200年的历史。目前，生物博物馆有植物标本22万号，昆虫标本60余万号，动物标本3万号，包括国家一级保护动物大熊猫、金丝猴等37种，以及护士鲨、豹纹鲨、翻车鱼等百余种珍稀动物标本。此外，还有北极熊、企鹅、鸵鸟等国外珍稀动物标本；古生物化石标本500多件，其中7.8m长的萨斯特鱼龙，3.5 m长的新中国龙、兴义龙以及鳞齿鱼等标本具有极高的科研价值和展览价值。它是国内唯一收藏了大量国内外珍贵生物标本并具有华南地区动植物区系特色的高校生物博物馆。

图4－1　中山大学生物博物馆展厅之一

图4－2　大象标本

二、韩山师范学院生物标本馆

韩山师范学院生物标本馆布局合理紧凑、宽敞明亮，功能分区明确，参观流线通畅。展厅目前收藏1 200多种动植物标本，大多数来自全国各地，部分种类来自国外。动物标本种类较齐全，囊括了动物界主要门类的动物，主要包括哺乳类、鸟类、爬行类、两栖类、鱼类、昆虫类、软体类等动物标本。

标本按分类系统陈列，造型独特，千姿百态，琳琅满目。其中，最有特色的是各种大型哺乳类动物标本与鸟类标本，东北虎、骆驼、麋鹿、孔雀等标本尤为珍贵。部分标本为国家一级、二级濒危保护物种。动物标本既有科学性、学术性，又富趣味性，具有较高的教学、科研和观赏价值。

图 4－3　北极熊展厅

图 4－4　骆驼展区

三、广东海洋大学水生生物博物馆

广东海洋大学水生生物博物馆是我国最大的水生生物博物馆之一，拥有众多精品生物标本。它位于广东海洋大学主校区西侧，建筑面积达5 000 m^2，陈列面积约 3 000 m^2。内有鲸类、鱼类、贝类、海藻类、虾蟹类、棘皮类、腔肠类以及其他水生动物等 9 间陈列室，共陈列水生生物标本近 3 000 种。这些珍贵的水生生物标本，有来自我国西沙、南海群岛等海域的，也有来自世界各地海域的。

博物馆体现以“海洋”为主题的思路，处处透露出以海洋为主题的浓郁气氛。平面布局紧凑、集中，功能分区明确，参观流线通畅。展区布置合理，功能齐全。

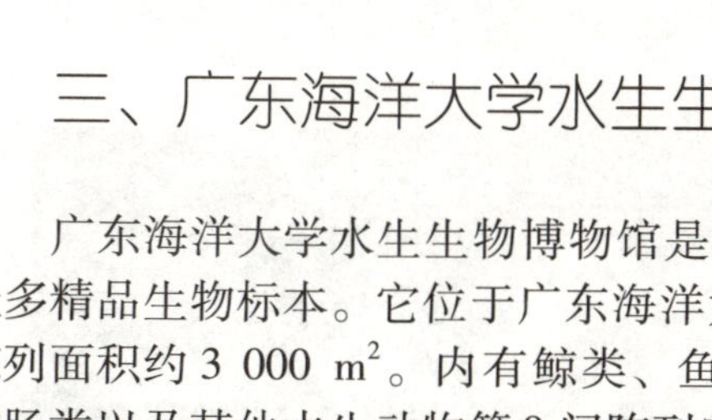

图 4－5　鱼类展厅

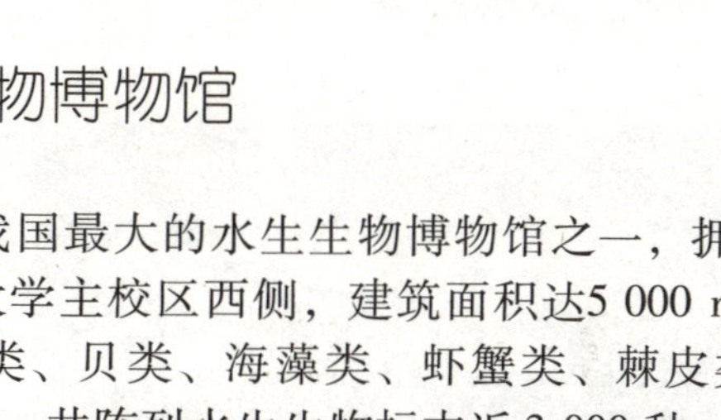

图 4－6　骨骼标本展厅

四、厦门大学生物博物馆

厦门大学生物博物馆（成义楼）原为厦门大学生命科学学院动物标本馆和植物标本室，成立于建校初期。2015 年 11 月，动物标本馆和植物标本室与厦门市水陆生物研究所合作升级为现在的厦门大学生物博物馆，面积约 5 600 m^2，共三层，设有 13 个展厅，包括大型鲸豚馆、螃蟹馆、贝壳馆、水母馆、猫科馆、熊科馆、灵长类馆、鸟类馆、植物馆等。现馆藏动物标本有 1 400 多号，植物标本 10 万多号。该馆经升级改造后，设立了一整套多媒体教学科普设施，包括 3D 多媒体体验厅等。镇馆之物有全球性濒危动物、国家一级和二级保护动物，如大熊猫、华南虎、丹顶鹤等，总计数目达 300 多种。最引人注目的是大熊猫标本，它曾是被海关扣留的走私品。此外，还有海外华侨、校友以及动物园、海洋馆赠送的企鹅、斑马、金钱豹等国外珍稀动物标本。最令人意外的是，博物馆还收集了两条腿的猪、三条腿的鸡及各种畸形的人类胚胎如连体婴儿。

图 4－7　鸟类标本及生态模拟

图图 4－8　哺乳类标本及生态模拟

五、福建东山二中海洋生物标本馆

福建东山二中海洋生物标本馆是我国中学生物标本馆的典范。其总面积为 200 m^2，分为“海藻、海洋无脊椎动物”和“海洋脊椎动物”两个展厅，陈列着 1 200 多种海洋生物标本。第一展厅，主要展出海藻和海洋无脊椎动物。海藻分为绿藻、红藻、褐藻三大类共 62 种，其中长达 1.3 m 的大矶沙蚕是我国罕见的标本。贝类是海洋生物标本馆一大特色，约有 400 种。不仅有晶莹剔透的东方鹑螺、竖琴螺，极为少见的夜光蝾螺、水字螺、蜘蛛螺、船蛸，而且有国家一级保护动物——鹦鹉螺，国家二级保护动物——唐冠螺，虎斑宝贝，遗传学上有研究价值的白化瓜螺，经济价值较大的鲍鱼、管角螺、江珧，也应有尽有。第二展厅是海洋脊椎动物展室，展出鱼类、海龟、海蛇和小型鲸类。已知的世界海龟有 7 种，而这里展出了棱皮龟、绿龟、玳瑁龟、丽龟等 5 种。鱼类标本约有 390 种，包括形态十分奇异的海马、海龙、刺鲀、鬼鲉等。第三展厅有鲸类浸制或骨骼标本。其中拟须鲸骨骼标本全长 7 m；伪虎鲸骨骼标本全长 5.2 m，还有栩栩如生的伪虎鲸、海豚及江豚等标本。

图 4－9　海洋生物标本馆展厅

图 4－10　龟类展厅

第三章　粤闽两地主要动物园的简介

一、广州长隆野生动物世界

广州长隆野生动物世界被称为“亚洲最大的动物园”，拥有大面积华南地区亚热带雨林原始生态；同时拥有超过20头澳大利亚国宝考拉、10头中国国宝大熊猫、马来西亚黄猩猩、泰国亚洲象、洪都拉斯食蚁兽等世界多国国宝在内的500余种、20 000余只珍奇野生动物。公园以大规模野生动物种群放养和自驾车观赏为特色，集动植物的保护、研究、旅游观赏、科普教育为一体，被誉为“中国最具国际水准的国家级野生动物园”，是全世界动物种群最多、最大的野生动物主题公园。

图4－11　火烈鸟展区

图4－12　长颈鹿展区

二、广州动物园

广州动物园位于广州市越秀区，东邻十九路军陵园。广州动物园共有选自全国乃至世界各地的哺乳类、爬虫类、鸟类和鱼类等动物450余种，4 500多头（只），其中不少属于世界珍禽异兽。属于国家一级保护动物的有大熊猫、金丝猴、黑颈

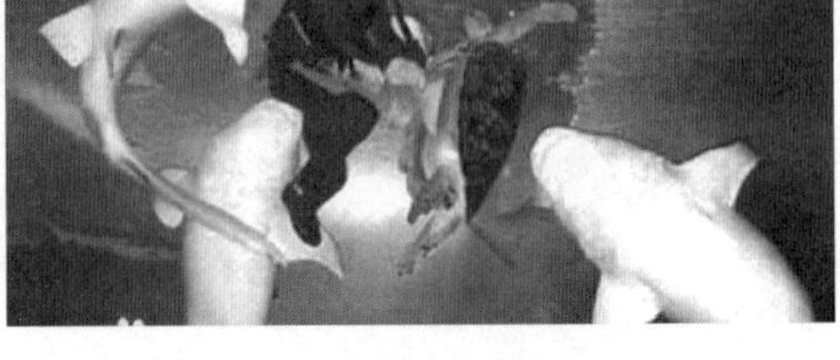

图4－13　海洋馆展厅之一

鹤等 35 种，属于国家二级保护动物的有小熊猫、白枕鹤等 32 种。

图 4－14　斑马展区

广州动物园有科普馆、游乐场、驯兽表演场、蝴蝶馆、海洋馆、飞禽大观等展馆。其中，海洋馆占地面积为 1.5 万 m^2，馆内展出 200 多种鱼类及其他海洋生物。全馆包括：海底隧道、深海奇观海藻缸、珍品缸、热带雨林、触摸池、鲨鱼池、海龟池、企鹅馆、海洋剧场、海狮乐园和海洋广场等展区。这些展区按照不同海洋生物的生态环境、生活习性、种类品种等进行规划布局，展示着来自世界各地的几百种海洋生物。

三、海沧野生动物园

海沧野生动物园位于厦门市海沧区角嵩路东段，占地面积 18 万 m^2。园区依山傍海，错落有致，景色秀丽，是集野生动物散养、驯化、展出和野生动物繁殖、科研于一体的综合性基地；同时也是一处让广大游客了解野生动物的科普场所，是福建省目前唯一的野生动物园。

园内汇集了来自世界各地具有代表性的野生动物 100 多种 2 000 多只（头）。其中有十分珍稀的白虎，非洲的斑马、蹬羚、羚羊，澳大利亚袋鼠，美洲鸵鸟，古巴火烈鸟，南美海狮等。还有我国的国家一、二级保护动物东北虎、小熊猫、丹顶鹤、黑熊等；园内设有步行参观区和车行参观区两大区域。游客可惬意地人走车行于园区，没有距离地和野生动物亲近，体验人与动物共享自然、和谐相处的乐趣。

图 4－15　老虎展区

图 4－16　斑驴（斑马与驴的杂交后代）

第五编　实习总结

实习总结是“动物学野外实习”课程中重要的教学环节之一，也是学生野外实习成果的全面总结和培养学生综合能力的重要组成部分，应给予高度重视。尽管学生集中野外实习的时间有限（通常为1～2周），但对参加野外实习的学生来说，无论是在专业知识方面，还是在开阔视野、思想认识方面，都会有较大的收获。因此，学生通过对实习过程中的所见所闻、数据资料进行全面归纳整理，撰写成实习论文或报告，并交流讨论，可以透过现象抓住本质，将感性认识上升为理性认识，从而对“动物学野外实习”课程有更全面的认识与理解。

学生在野外实习过程中，观察与记录了许多动物和现象，收集了大量数据，获得了丰富真实的第一手资料。在撰写论文或报告的过程中，如何从丰富的资料数据中推断出事物间的联系，如何从感性认识上升到理性认识，这些都需要学生深入思考与分析，查阅相关文献，反复推敲，从而提出创新观点与见解。可见，学生实习论文或报告的撰写过程是一种思维创新、思想升华的过程，要有方法、步骤，有条不紊地进行。不同学校不同专业，可能会对实习总结提出不同的具体要求。一般来说，实习总结主要形式有：个人实习报告或论文，专题研究论文或报告，小组、班级或集体实习总结。现以个人实习报告或论文为例。

一、实习论文的撰写方法

实习报告或论文与其他科学研究报告或论文相似，即要求所撰写的内容思路清晰、数据可靠、层次分明，内容丰富，文字表达简明扼要，使读者一目了然，且有所收获。因此，在集中实习出发前，教师应介绍实习论文撰写的要求与方法；同时应要求学生带着问题，以认真的学习态度，实事求是地开展野外实习，为实习报告或论文做好充分准备。

（一）题目的选择

题名是以恰当、简明的词语反映论文重要内容的逻辑组合。选题是论文写作关键的第一步，直接影响论文的质量。常言道“题好文一半”。同时，选题也让学生在野外实习过程中明确实习的具体方向。所有实习计划的最关键部分就是要弄清楚实习过程中将要观察与研究的问题。因此，关于问题的选择将对野外实习活动的质量、效率等有着关键性的影响；同时也影响论文的最终质量。

通常情况下，动物学野外实习的地点与大致内容由实习指导教师安排。

实习之前，学生通过阅读相关资料或搜索网络资源，对实习内容有初步了解。学生可根据个人掌握的资料及对实习内容的初步了解，提出创新性的实习题目，也可参考指导教师提出的选题，结合个人兴趣，提出相关题目。当学生带着实习题目（即研究问题）开展实习、调查时，整个实习过程就成为有的放矢、目标明确地解决问题的过程，将大大增强实习效果。

（二）制订学生个人实习方案并实施

切合实际的可操作的实习方案是指导学生个人实习工作开展的依据，是实习工作顺利进行的重要保证，也为撰写实习论文打下基础。因此，学生可参考实习指导教师提出的总体实习方案，然后查阅相关资料后，经实习小组讨论研究，最后确定个人实习方案。根据所制订的方案，各小组分工合作开展观察、调查、实验等，认真完成各项数据的收集与整理等。

（三）整理资料、撰写实习论文

资料整理是根据实习、调查研究的目的，运用科学的方法，对实习过程所获得的资料进行审查、分类、校对、汇总及资料补充等加工，使之系统化和条理化，并以集中、简明的方式反映实验或调查对象总体情况的过程。资料整理是实习工作的重要组成部分，是提高实习效果的必要步骤。资料整理的基本原则是真实性、准确性、完整性、系统性、统一性、简明性和新颖性。

对实习资料的整理大体可分为以下三个步骤：

（1）对原始资料进行认真、细致的检查。由于学生在实习过程中所收集的材料可能存在错误，因此，资料整理要从客观实际出发，通过查阅相关专业文献，检查、校对所收集资料的准确性、完整性，去粗取精，去伪存真；从内容上检查是否有遗漏、笔误等，若发现问题应及时采取必要的补救措施。

（2）选择合适的分类方法，对原始资料科学地进行分类、分组。这项工作很重要，分类不合理、不科学，将不能正确反映实习对象的本质特征。动物学实习过程中，学生收集到许多不同种类动物的资料或数据（如鸟类的生态、样方数、生境类型等），做资料整理时需将这些资料根据动物学专业分类方法进行分类整理，编制统计、分类图表。

（3）统计汇总。把资料按一定的格式分门别类，以直观、清晰、简化的形式将汇总的资料表现出来。

资料的整理，将为论文的撰写提供素材。学生将实习资料进行整理后，需要进一步分析、归纳与思考，提出个人的观点，构思出实习论文的提纲，然后着手撰写完整的实习论文。

二、实习论文或报告的基本格式

实习论文或报告是学生对实习工作的全面总结，与其他生物学专业论文形式相近，一般由题名、作者、摘要、关键词、正文、参考文献等部分组成。学生在撰写实习论文之前，先拟定一个写作提纲，然后围绕提纲着手撰写。

野外实习论文的正文是论文撰写的主体，主要包括如下七个部分：

（一）引言或前言

常言道“好的开始是成功的一半”。引言或前言是论文正文最前面的内容，是引人入胜之言，非常重要。一般而言，在引言或前言部分，作者陈述该论文之研究背景、立题依据、研究目的与意义等。一段好的论文引言常能使读者清楚该研究工作总体概况及其重要性。

（二）实习基地或实习区域的自然概况

动物与其赖以生存的环境密切相关。因此，实习地点的气候条件、地理位置、植被状况及人类活动等因素将影响动物的生存状况及其物种多样性。因此，作者在此部分应对所实习区域的地理位置与环境做概述，让读者了解所调查动物的生存环境。

（三）材料与方法

该部分主要概述野外实习过程中实际所使用的仪器（如显微镜、摄影机等）、工具（捕网、铁铲、塑料桶等）；或标本制作所用的器材、动物和试剂及其规格等。同时介绍实验与调查的具体方法，调查方法的原理及数据统计方法等。

（四）实习与实验结果

该部分展现了学生实习过程的总体收获，不仅反映了学生认识动物种类的多少，所制作的标本、动物调查的结果等，而且反映了学生的综合能力（如对资料的整理、数据分析及图表制作的能力等）。实验结果应紧扣主题，删繁就简，高度归纳，精心分析，去粗取精，去伪存真。有些数据不一定适合这一篇论文的主题，可留作他用，不要硬行拼凑到一篇论文中。实验结果部分的行文应尽量采用专业术语，比如介绍动物的物种，一定要注明其学名。有时为了便于分析结果，行文时“结果”与“讨论”两部分可结合在一起陈述。

（五）讨论

讨论部分是一篇论文的核心部分，也是向读者展示该论文的最终研究目的。在撰写该部分时，应统观全局，从感性认识提高到理性认识进行论说，展示该论文内容的创新性、科学性、实用性。在讨论部分的展开方法可参考如下五个步骤：

（1）描述结论。首先，从专业角度对自己的研究进行总结，此部分务必与研究结果、研究目的保持一致，也就是说讨论部分的内容必须在结果中找到依据。例如总结该次实习所观察调查动物种类总数量，与该论文的结果部分所描述的一致。

（2）解释结论。对本研究的结论进行解释。为了突出解释的科学性和可靠性，一般是在和别人的研究分析对比中进行解释。列出几篇和自己结论一致的文献，同时也要列出几篇和自己不一致或者相悖的文献，但要解释不一致的原因。

（3）研究价值。结论解释完之后，还要说明本研究的应用价值，也就是本研究能给社会或者读者带来什么实际价值。比如读者通过阅读所撰写的论文，可以了解该实习区域的动物种类组成、生存现状、存在的困境及解决问题的策略与思路等。

（4）不足之处。任何一项研究由于客观条件的限制，不可能尽善尽美，都会或多或少存在一些不足之处，或者由于当前科技水平的限制，也会导致研究所存在的一些局限性。

（5）研究新得。在文章最后，要说明本文所要传递的信息，或者是对以后研究的展望，或者给读者带来的启发。

（六）结语或结论

论文结语应写出明确可靠的结果及结论。该部分文字应简洁，可逐条列出。

（七）参考文献

列出论文参考文献的目的是让读者了解论文研究命题的来龙去脉，便于查找。同时也是尊重前人劳动，对自己的工作有准确的定位。

总之，动物学野外实习论文是学生在教师指导下，对所完成的实习工作的全面总结，是对学生一次全面的科研训练，提高了学生的综合能力特别是资料整理与文字表达能力。

三、交流讨论

思想需要“碰撞”才会产生更灿烂的“火花”。因此，召开实习总结大会，开展交流讨论，将对整个实习工作起到画龙点睛的作用。学生以个人或小组为单位，将实习成果制作成 PPT，在实习总结大会上做展示、交流、讨论。由于不同的学生或小组对实习过程中的所见所闻及收集的材料存在观察与思考角度的差异，因此，学生通过开展交流讨论活动，一方面取长补短，答疑解惑；另一方面锻炼了口头表达及团队合作的能力。此外，学生可将实习成果放置于网络交流平台中，做进一步交流讨论。

参考文献

[1] 安建梅，芦荣胜．动物学野外实习指导［M］．北京：科学出版社，2008.

[2] 陈小麟，方文珍，林清贤，等．福建省滨海湿地水鸟［M］．北京：高等教育出版社，2012.

[3] 刘凌云，郑光美．普通动物学．4版［M］．北京：高等教育出版社，2009.

[4] 李海燕，易祖盛，舒琥，等．动物学野外实习教程［M］．广州：华南理工大学出版社，2007.

[5] 李红梅．动物学综合实习方法与实践［M］．昆明：云南大学出版社，2012.

[6] 马绣同．我国的海产贝类及其采集［M］．北京：海洋出版社，1982.

[7] 赛道建．动物学野外实习教程［M］．北京：科学出版社，2003.

[8] 苏锦祥．鱼类学与海水鱼类养殖［M］．北京：中国农业出版社，2004.

[9] 薛大勇．动物标本采集、保藏、鉴定和信息共享［M］．北京：中国标准出版社，2010.

[10] 许再福．普通昆虫学实验与实习指导［M］．北京：科学出版社，2014.

[11] 王林瑶，张广学．昆虫标本技术［M］．北京：科学出版社，1987.

[12] 赵正阶．中国鸟类志：上卷：非雀形目［M］．长春：吉林科学技术出版社，2001.

[13] 赵正阶．中国鸟类志：下卷：雀形目［M］．长春：吉林科学技术出版社，2001.

[14] 赵欣如，肖雯，张瑜．野外观鸟手册［M］．北京：化学工业出版社，2010.

[15] 朱道玉．动物学野外实习指导［M］．北京：化学工业出版社，2010.

[16] 郑光美．中国鸟类分类与分布名录．2版［M］．北京：科学出版社，2011.